はじめに

多くの書籍の中から、**「よくわかる Microsoft Word 2021＆Microsoft Excel 2021演習問題集 Office 2021／Microsoft 365対応」**を手に取っていただき、ありがとうございます。

本書は、WordとExcelの基本機能をマスターされている方を対象に、WordとExcelを使いこなす力と考える力を養うことを目的とした問題集です。
完成図を参考に自分で考えながらドキュメントを作成することで、様々なシーンでイメージ通りに仕上げることができる実践力が身に付きます。

本書を学習することで、WordとExcelの知識を深め、実務に活かしていただければ幸いです。

なお、基本機能の習得には、FOM出版から提供されている次の教材をご利用ください。
- **「よくわかる Microsoft Word 2021基礎 Office 2021／Microsoft 365対応」**（FPT2206）
- **「よくわかる Microsoft Word 2021応用 Office 2021／Microsoft 365対応」**（FPT2207）
- **「よくわかる Microsoft Excel 2021基礎 Office 2021／Microsoft 365対応」**（FPT2204）
- **「よくわかる Microsoft Excel 2021応用 Office 2021／Microsoft 365対応」**（FPT2205）

本書に記載されている操作方法は、2024年2月現在の次の環境で動作確認をしております。
・Windows 11（バージョン23H2　ビルド22631.3085）
・Microsoft Office Professional 2021
　Word 2021（バージョン2311　ビルド16.0.17029.20028）
　Excel 2021（バージョン2311　ビルド16.0.17029.20028）
・Microsoft 365のWordおよびExcel（バージョン2312　ビルド16.0.17126.20132）
本書発行後のWindowsやOfficeのアップデートによって機能が更新された場合には、本書の記載のとおりに操作できなくなる可能性があります。ご了承のうえ、ご購入・ご利用ください。

2024年3月31日
FOM出版

本書を使った学習の進め方

本書の問題には、詳細な問題文はありません。完成図と操作のHintを参考にして、使う機能や効率のよい手順を自分で考えながらドキュメントを仕上げていきます。
各Lessonの問題は機能別や難易度別に構成されており、次の3つの使い方で学習を進めることができます。
前提知識や好みに応じて、自分に合ったスタイルで問題にチャレンジしましょう。

使い方01 Lessonの順番どおりに取り組む！

順番に問題に取り組むことで、機能ごとに段階的にスキルアップできます。
Word編、Excel編の最後には、機能習得の力試しができる総合問題を用意しています。

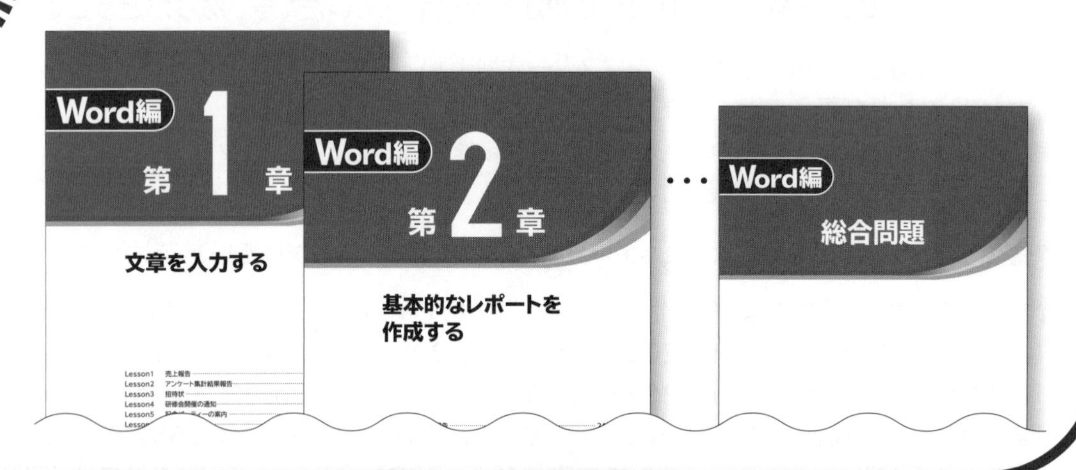

使い方02 3段階の難易度ごとに取り組む！

入門者レベルから上級者レベルまで、3段階の難易度で構成されています。
自分のレベルに合わせて問題を選択でき、段階的に無理なく学習を進めることができます。
問題の難易度は、各Lessonの上部、または「◆題材別Lesson対応表」の★マークを参考にしてください。

使い方 03

題材ごとに作り上げる！

題材ごとに仕上げていくことで、学習を進めながら、どの場面でどの機能を使えばいいのかを自分で考える力が身に付きます。
例えば、Word編の「メンバー募集」の題材は、次のような順番で進めると、完成します。
学習する順番は、次のページの「◆題材別Lesson対応表」を参考にしてください。

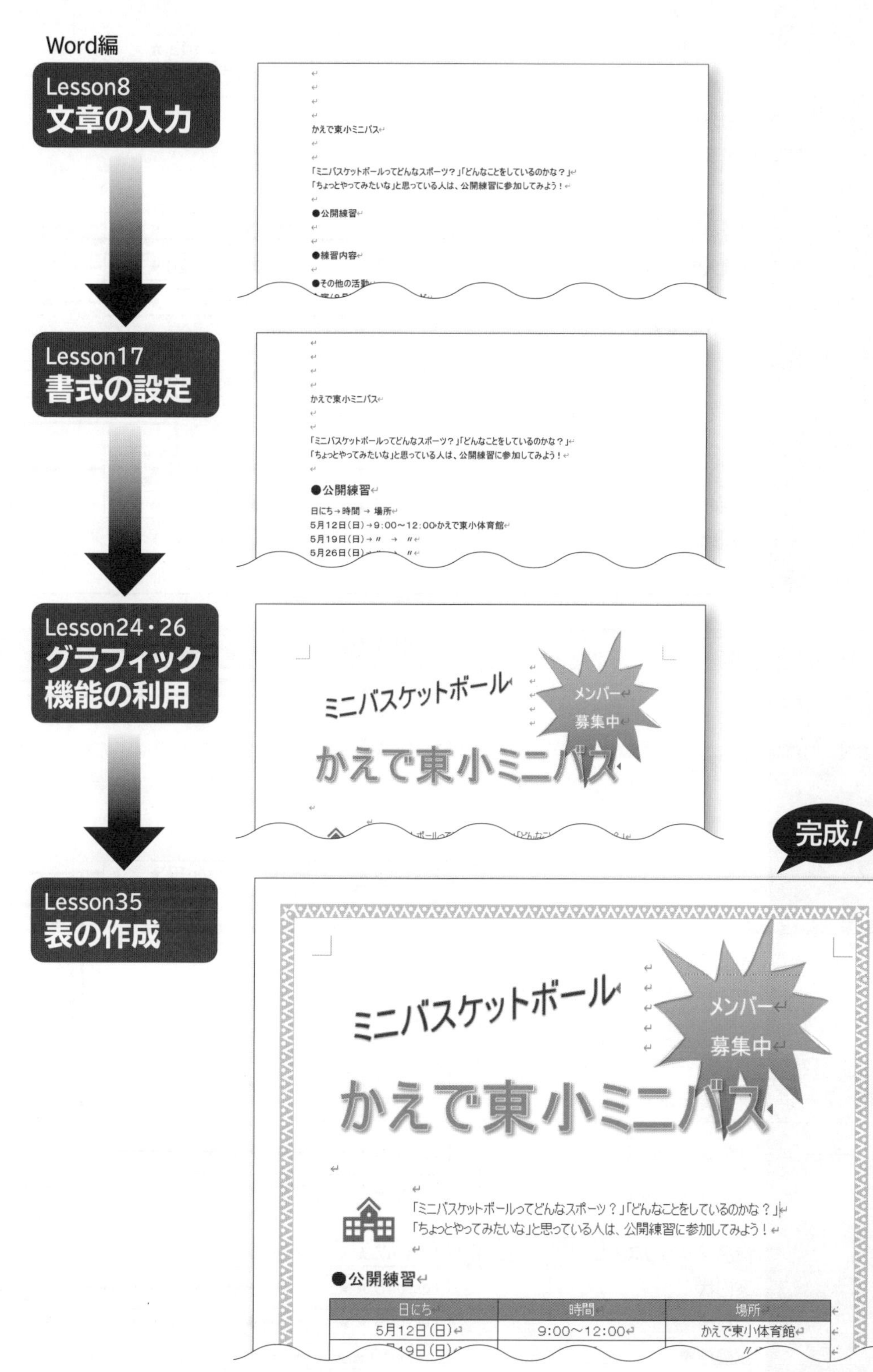

◆題材別Lesson対応表

本書で学習する題材には、次のようなものがあります。各題材と各Lessonの対応は、次のとおりです。

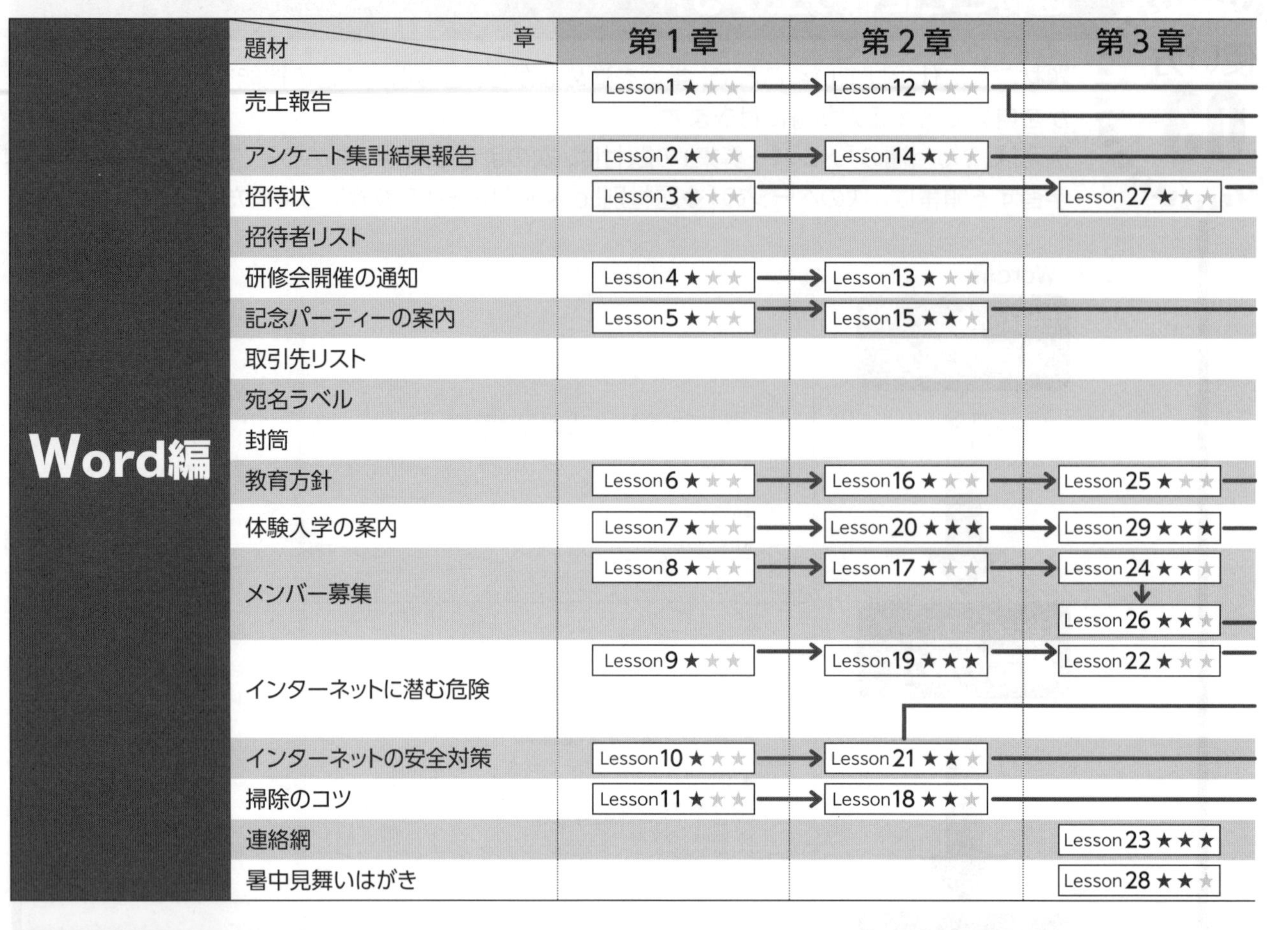

Word編

題材＼章	第1章	第2章	第3章
売上報告	Lesson1 ★☆☆	Lesson12 ★☆☆	
アンケート集計結果報告	Lesson2 ★☆☆	Lesson14 ★☆☆	
招待状	Lesson3 ★☆☆		Lesson27 ★☆☆
招待者リスト			
研修会開催の通知	Lesson4 ★☆☆	Lesson13 ★☆☆	
記念パーティーの案内	Lesson5 ★☆☆	Lesson15 ★★☆	
取引先リスト			
宛名ラベル			
封筒			
教育方針	Lesson6 ★☆☆	Lesson16 ★☆☆	Lesson25 ★☆☆
体験入学の案内	Lesson7 ★☆☆	Lesson20 ★★★	Lesson29 ★★★
メンバー募集	Lesson8 ★☆☆	Lesson17 ★☆☆	Lesson24 ★★☆ ↓ Lesson26 ★★☆
インターネットに潜む危険	Lesson9 ★☆☆	Lesson19 ★★★	Lesson22 ★☆☆
インターネットの安全対策	Lesson10 ★☆☆	Lesson21 ★★☆	
掃除のコツ	Lesson11 ★☆☆	Lesson18 ★★☆	
連絡網			Lesson23 ★★★
暑中見舞いはがき			Lesson28 ★★☆

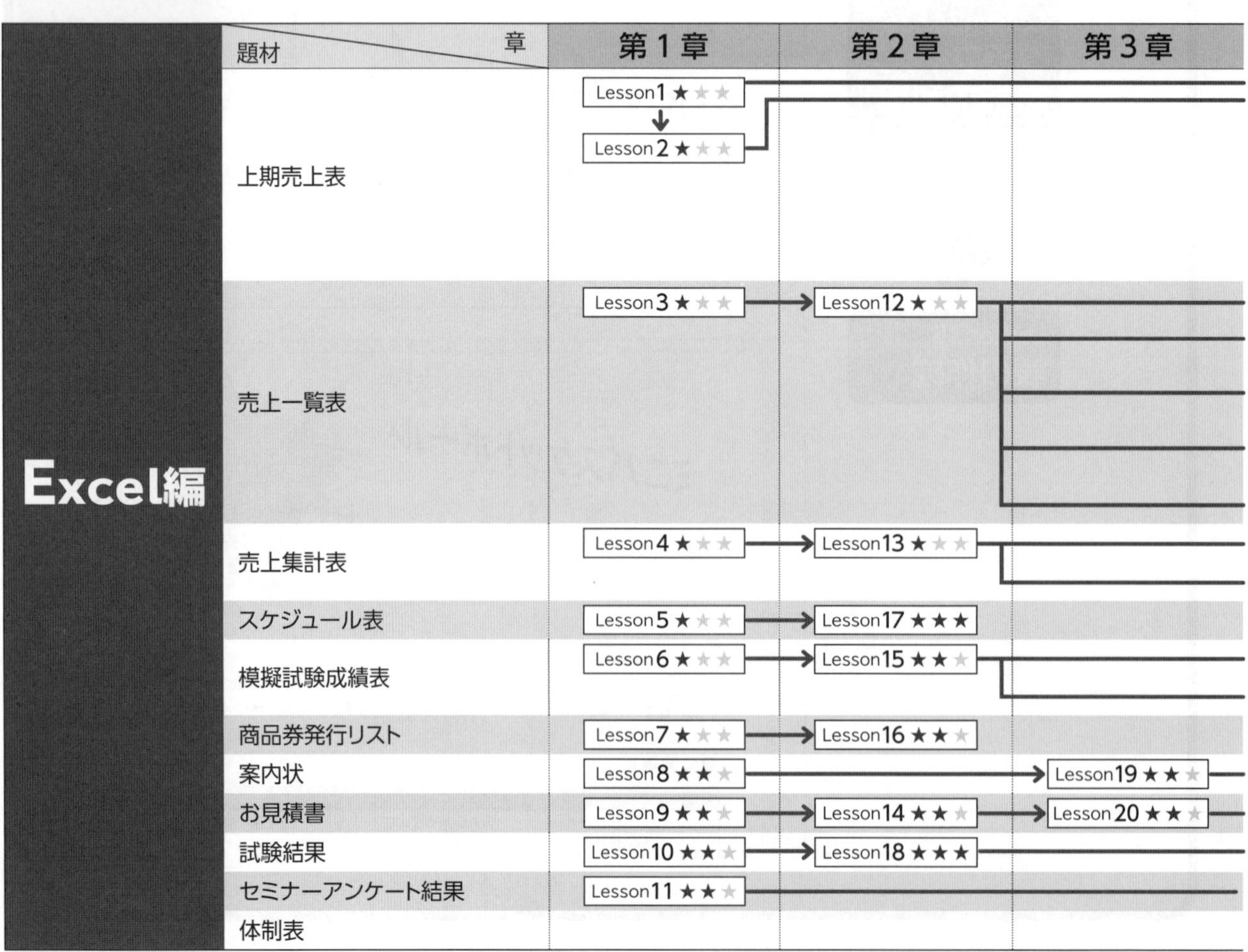

Excel編

題材＼章	第1章	第2章	第3章
上期売上表	Lesson1 ★☆☆ ↓ Lesson2 ★☆☆		
売上一覧表	Lesson3 ★☆☆	Lesson12 ★☆☆	
売上集計表	Lesson4 ★☆☆	Lesson13 ★☆☆	
スケジュール表	Lesson5 ★☆☆	Lesson17 ★★★	
模擬試験成績表	Lesson6 ★☆☆	Lesson15 ★★☆	
商品券発行リスト	Lesson7 ★☆☆	Lesson16 ★★☆	
案内状	Lesson8 ★★☆		Lesson19 ★★☆
お見積書	Lesson9 ★★☆	Lesson14 ★★☆	Lesson20 ★★☆
試験結果	Lesson10 ★★☆	Lesson18 ★★★	
セミナーアンケート結果	Lesson11 ★★☆		
体制表			

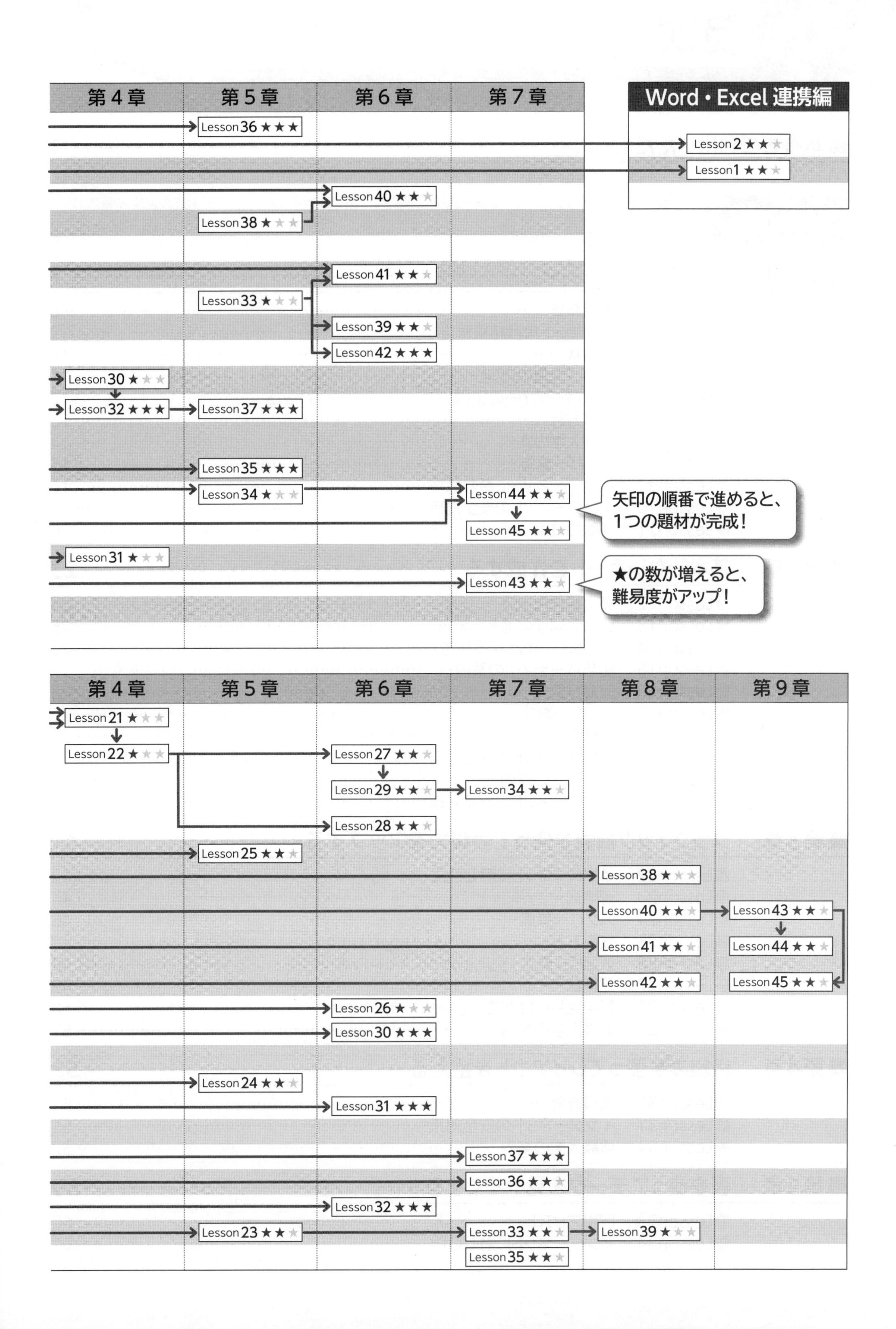
第4章
第5章
第6章
第7章
Word・Excel 連携編
Lesson36 ★★★
Lesson2 ★★
Lesson1 ★★
Lesson40 ★★
Lesson38 ★
Lesson41 ★★
Lesson33 ★
Lesson39 ★★
Lesson42 ★★★
Lesson30 ★
Lesson32 ★★★
Lesson37 ★★★
Lesson35 ★★★
Lesson34 ★
Lesson44 ★★
Lesson45 ★★
Lesson31 ★
Lesson43 ★★
矢印の順番で進めると、
1つの題材が完成！
★の数が増えると、
難易度がアップ！
第4章
第5章
第6章
第7章
第8章
第9章
Lesson21 ★
Lesson22 ★
Lesson27 ★★
Lesson29 ★★
Lesson34 ★★
Lesson28 ★★
Lesson25 ★★
Lesson38 ★
Lesson40 ★★
Lesson43 ★★
Lesson44 ★★
Lesson41 ★★
Lesson42 ★★
Lesson45 ★★
Lesson26 ★
Lesson30 ★★★
Lesson24 ★★
Lesson31 ★★★
Lesson37 ★★★
Lesson36 ★★
Lesson32 ★★★
Lesson23 ★★
Lesson33 ★★
Lesson39 ★
Lesson35 ★★

目次

Word・Excel連携編

標準解答は、FOM出版のホームページで提供しています。表紙裏の「標準解答のご提供について」を参照してください。

本書をご利用いただく前に

本書で学習を進める前に、ご一読ください。

1 本書の記述について

操作の説明のために使用している記号には、次のような意味があります。

記述	意味	例
[ ]	キーボード上のキーを示します。	[Ctrl] [Enter]
[ ]+[ ]	複数のキーを押す操作を示します。	[Ctrl]+[Enter] ([Ctrl]を押しながら[Enter]を押す)
《 》	ダイアログボックス名やタブ名、項目名など画面の表示を示します。	《OK》をクリック
「 」	重要な語句や機能名、画面の表示、入力する文字列などを示します。	「以上」と入力 余白「上下20mm」

2 製品名の記載について

本書では、次の名称を使用しています。

正式名称	本書で使用している名称
Windows 11	Windows 11 または Windows
Microsoft Word 2021	Word 2021 または Word
Microsoft Excel 2021	Excel 2021 または Excel

3 学習環境について

本書を学習するには、次のソフトウェアが必要です。
また、インターネットに接続できる環境で学習することを前提にしています。

Word 2021　または　Microsoft 365のWord
Excel 2021　または　Microsoft 365のExcel

◆本書の開発環境

本書を開発した環境は、次のとおりです。

OS	Windows 11 Pro(バージョン23H2　ビルド22631.3085)
アプリ	Microsoft Office Professional 2021 Word 2021(バージョン2311　ビルド16.0.17029.20028) Excel 2021(バージョン2311　ビルド16.0.17029.20028)
ディスプレイの解像度	1280×768ピクセル
その他	・WindowsにMicrosoftアカウントでサインインし、インターネットに接続した状態 ・OneDriveと同期していない状態

※本書は、2024年2月時点のWord 2021・Excel 2021またはMicrosoft 365のWord・Excelに基づいて解説しています。
今後のアップデートによって機能が更新された場合には、本書の記載のとおりに操作できなくなる可能性があります。

OneDriveの設定

WindowsにMicrosoftアカウントでサインインすると、同期が開始され、パソコンに保存したファイルがOneDriveに自動的に保存されます。初期の設定では、デスクトップ、ドキュメント、ピクチャの3つのフォルダーがOneDriveと同期するように設定されています。
本書はOneDriveと同期していない状態で操作しています。
OneDriveと同期している場合は、一時的に同期を停止すると、本書の記載と同じ手順で学習できます。
OneDriveとの同期を一時停止および再開する方法は、次のとおりです。

一時停止

◆タスクバーの(OneDrive)→(ヘルプと設定)→《同期の一時停止》→停止する時間を選択
※時間が経過すると自動的に同期が開始されます。

再開

◆タスクバーの(OneDrive)→(ヘルプと設定)→《同期の再開》

4 学習時の注意事項について

お使いの環境によっては、次のような内容について本書の記載と異なる場合があります。
ご確認のうえ、学習を進めてください。

◆ボタンの形状

本書に掲載しているボタンは、ディスプレイの解像度を**「1280×768ピクセル」**、ウィンドウを最大化した環境を基準にしています。
ディスプレイの解像度やウィンドウのサイズなど、お使いの環境によっては、ボタンの形状やサイズ、位置が異なる場合があります。
ボタンの操作は、ポップヒントに表示されるボタン名を参考に操作してください。

ディスプレイの解像度の設定

ディスプレイの解像度を本書と同様に設定する方法は、次のとおりです。
◆デスクトップの空き領域を右クリック→《ディスプレイ設定》→《ディスプレイの解像度》の→《1280×768》
※メッセージが表示される場合は、《変更の維持》をクリックします。

◆Officeの種類に伴う注意事項

Microsoftが提供するOfficeには**「ボリュームライセンス（LTSC）版」「プレインストール版」「POSAカード版」「ダウンロード版」「Microsoft 365」**などがあり、画面やコマンドが異なることがあります。
本書はダウンロード版をもとに開発しています。ほかの種類のOfficeで操作する場合は、ボタンの位置やポップヒントに表示されるボタン名を参考に操作してください。

◆アップデートに伴う注意事項

WindowsやOfficeは、アップデートによって不具合が修正され、機能が向上する仕様となっています。そのため、アップデート後に、コマンドやスタイル、色などの名称が変更される場合があります。
本書に記載されているコマンドやスタイル、色などの名称が表示されない場合は、任意の項目を選択してください。
※本書の最新情報については、P.6に記載されているFOM出版のホームページにアクセスして確認してください。

スタイルや色が異なる場合

お使いの環境によっては、新しい文書やブックに適用される既定のテーマ「Office」が変更されている場合があります。新しいテーマ「Office」が適用されていると、本書に記載されているスタイルや色などが表示されないことがあります。
本書と同様に操作するには、テーマを「Office2013-2022」に変更します。
テーマを変更する方法は、次のとおりです。

Word

◆《デザイン》タブ→《ドキュメントの書式設定》グループの（テーマ）

Excel

◆《ページレイアウト》タブ→《テーマ》グループの（テーマ）

お使いの環境のバージョン・ビルド番号の確認

WindowsやOfficeはアップデートにより、バージョンやビルド番号が変わります。
お使いの環境のバージョン・ビルド番号を確認する方法は、次のとおりです。

Windows 11

◆（スタート）→《設定》→《システム》→《バージョン情報》

Office 2021

◆《ファイル》タブ→《アカウント》→《（アプリ名）のバージョン情報》
※お使いの環境によっては、《アカウント》が表示されていない場合があります。その場合は、《その他》→《アカウント》をクリックします。

◆Wordの設定

本書に掲載しているWord編の完成図には、全角空白（□）や段落記号（↵）などの編集記号が表示されています。編集記号を表示しておくと、何文字空白が入っているか、どこで改行しているかなどを確認することができ、操作しやすくなります。
編集記号を参考に操作してください。

編集記号の表示・非表示

編集記号の表示・非表示を切り替える方法は、次のとおりです。
◆《ホーム》タブ→《段落》グループの（編集記号の表示/非表示）
※編集記号が表示されているときは、ボタンがオンの状態（濃い灰色）になります。

5 学習ファイルについて

本書で使用する学習ファイルは、FOM出版のホームページで提供しています。ダウンロードしてご利用ください。

ホームページアドレス

https://www.fom.fujitsu.com/goods/

※アドレスを入力するとき、間違いがないか確認してください。

ホームページ検索用キーワード

FOM出版

◆ダウンロード

学習ファイルをダウンロードする方法は、次のとおりです。

① ブラウザーを起動し、FOM出版のホームページを表示します。

※アドレスを直接入力するか、キーワードでホームページを検索します。

② **《ダウンロード》**をクリックします。

③ **《アプリケーション》**の**《Office全般》**をクリックします。

④ **《Word 2021&Excel 2021演習問題集　FPT2319》**をクリックします。

⑤ **《書籍学習用ファイル》**の**「fpt2319.zip」**をクリックします。

⑥ ダウンロードが完了したら、ブラウザーを終了します。

※ダウンロードしたファイルは、パソコン内のフォルダー「ダウンロード」に保存されます。

◆ダウンロードしたファイルの解凍

ダウンロードしたファイルは圧縮されているので、解凍（展開）します。

ダウンロードしたファイル**「fpt2319.zip」**を**《ドキュメント》**に解凍する方法は、次のとおりです。

① デスクトップ画面を表示します。

② タスクバーの（エクスプローラー）をクリックします。

③ 左側の一覧から**《ダウンロード》**をクリックします。

④ ファイル**「fpt2319」**を右クリックします。

⑤ **《すべて展開》**をクリックします。

⑥ **《参照》**をクリックします。

⑦ 左側の一覧から**《ドキュメント》**をクリックします。

⑧ **《フォルダーの選択》**をクリックします。

⑨ **《ファイルを下のフォルダーに展開する》**が**「C:¥Users¥(ユーザー名)¥Documents」**に変更されます。

⑩ **《完了時に展開されたファイルを表示する》**を✓にします。

⑪ **《展開》**をクリックします。

⑫ ファイルが解凍され、**《ドキュメント》**が開かれます。

⑬ フォルダー**「Word2021&Excel2021演習問題集」**が表示されていることを確認します。

※すべてのウィンドウを閉じておきましょう。

◆学習ファイルの一覧

フォルダー**「Word2021&Excel2021演習問題集」**には、学習ファイルが入っています。
タスクバーの（エクスプローラー）→**《ドキュメント》**をクリックし、一覧からフォルダーを開いて確認してください。

※ご利用の前に、フォルダー内の「ご利用の前にお読みください.txt」をご確認ください。

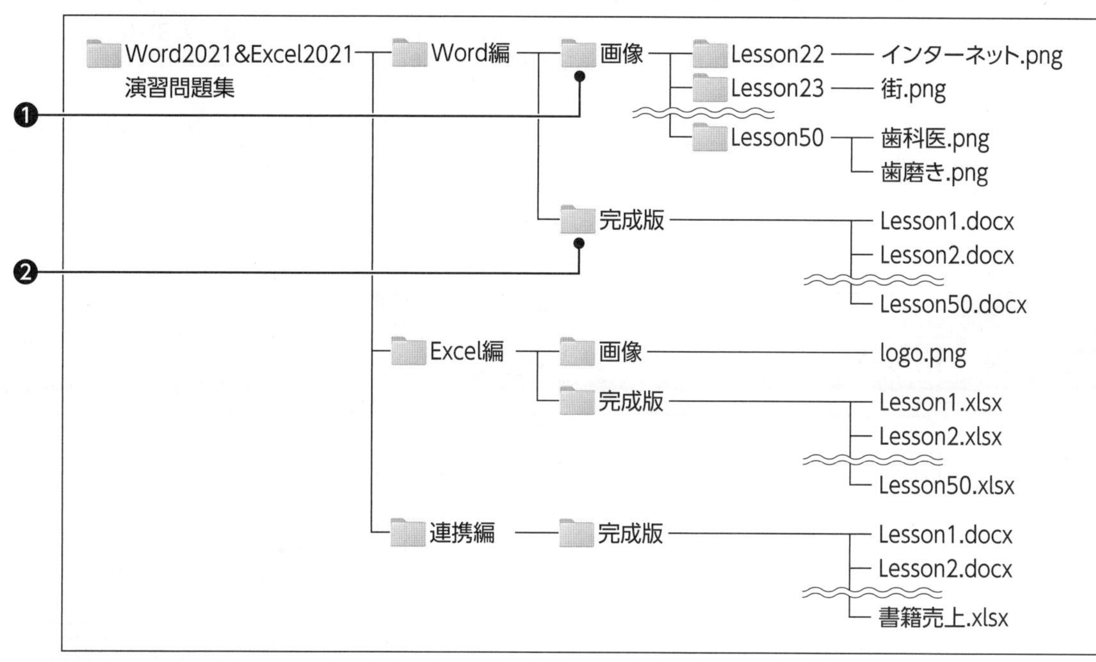

❶フォルダー「画像」

Lessonで使用する画像ファイルが収録されています。

❷フォルダー「完成版」

Lessonで完成したファイルが収録されています。

※本書は、第1章のLessonで作成したファイルを、それ以降の章のLessonで開いて操作します。途中のLessonから学習する場合は、完成版のファイルを開いて操作してください。

◆学習ファイルの場所

本書では、学習ファイルの場所を**《ドキュメント》**内のフォルダー**「Word2021&Excel2021演習問題集」**としています。**《ドキュメント》**以外の場所にコピーした場合は、フォルダーを読み替えてください。

◆学習ファイル利用時の注意事項

編集を有効にする

ダウンロードした学習ファイルを開く際、そのファイルが安全かどうかを確認するメッセージが表示される場合があります。学習ファイルは安全なので、**《編集を有効にする》**をクリックして、編集可能な状態にしてください。

自動保存をオフにする

学習ファイルをOneDriveと同期されているフォルダーに保存すると、初期の設定では自動保存がオンになり、一定の時間ごとにファイルが自動的に上書き保存されます。自動保存によって、元のファイルを上書きしたくない場合は、自動保存をオフにしてください。

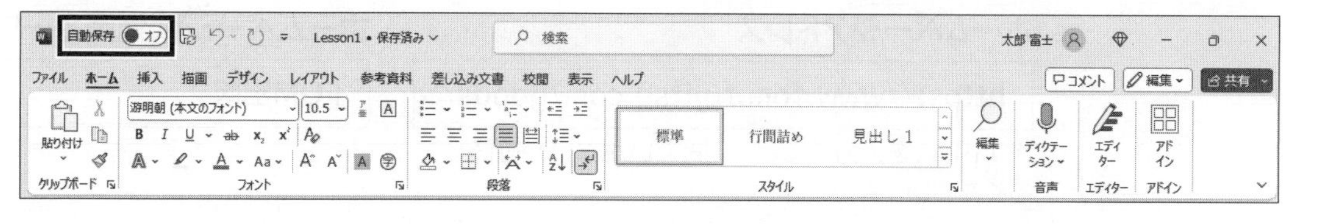

6 本書の見方について

本書の見方は、次のとおりです。

❶Lessonの難易度を示しています。

レベル	アイコン	説明
レベル1	難易度 ★☆☆	「よくわかる Microsoft Word 2021基礎」(FPT2206)や「よくわかる Microsoft Excel 2021基礎」(FPT2204)で操作手順を解説している問題、または同等レベルの問題です。
レベル2	難易度 ★★☆	「よくわかる Microsoft Word 2021応用」(FPT2207)や「よくわかる Microsoft Excel 2021応用」(FPT2205)で操作手順を解説している問題、または同等レベルの問題です。
レベル3	難易度 ★★★	より難易度の高い問題です。

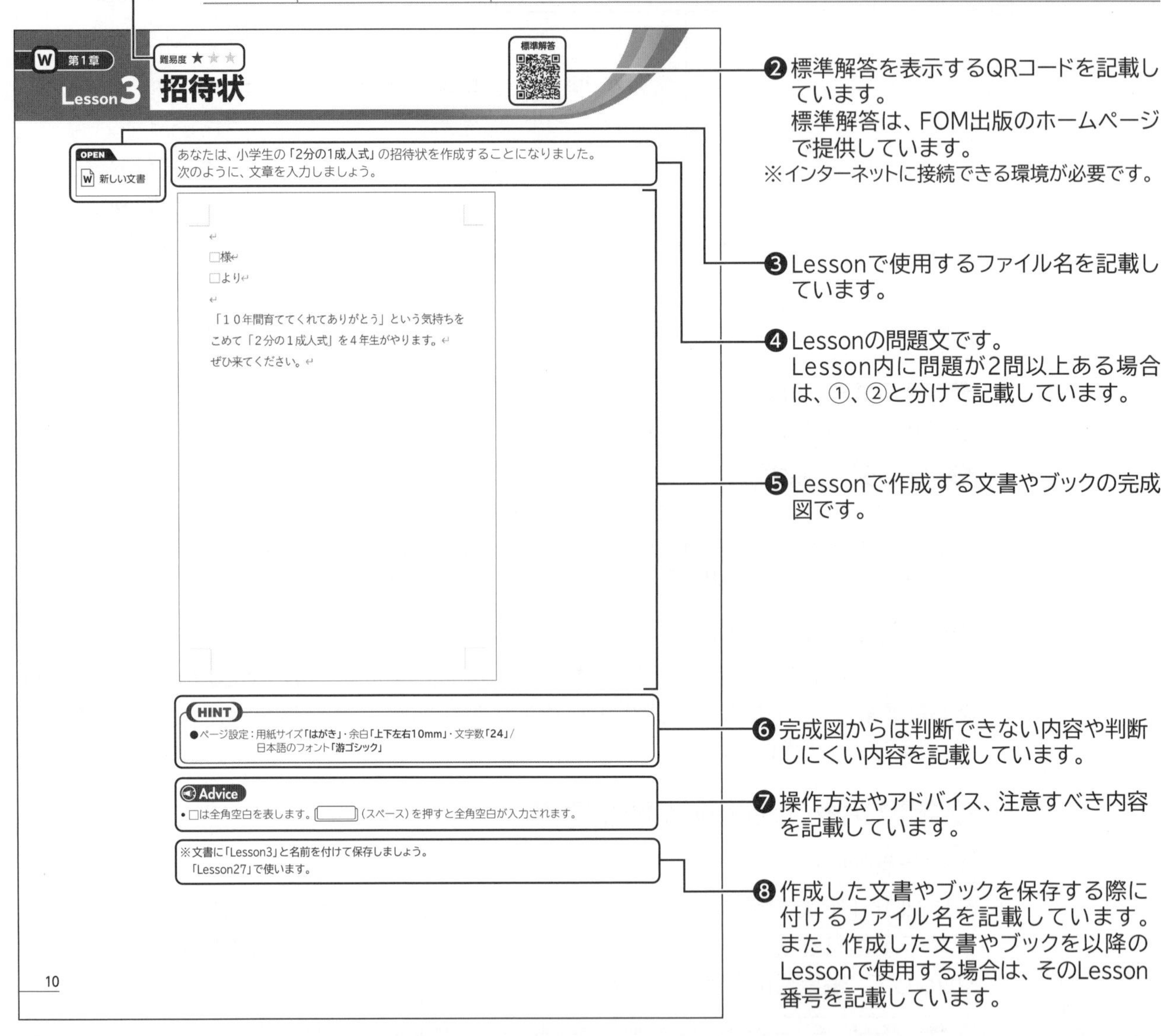

7 本書の最新情報について

本書に関する最新のQ&A情報や訂正情報、重要なお知らせなどについては、FOM出版のホームページでご確認ください。

ホームページアドレス

https://www.fom.fujitsu.com/goods/

※アドレスを入力するとき、間違いがないか確認してください。

ホームページ検索用キーワード

FOM出版

Word編

第1章

文章を入力する

Lesson 1

難易度 ★★★

売上報告

標準解答

OPEN

W 新しい文書

標準解答は、FOM出版のホームページで提供しています。表紙裏の「標準解答のご提供について」を参照してください。

あなたは、営業部に所属しており、スプリングフェアの売上をまとめた文書を作成することになりました。
次のように、文章を入力しましょう。

2024年5月20日↵
関係者各位↵
営業部長↵
↵
スプリングフェア料理関連書籍売上について↵
↵
スプリングフェア期間中の料理関連書籍の売上について、次のとおりご報告いたします。↵
↵
●料理関連書籍売上↵
料理関連書籍の売上ベスト5は、次のとおりです。↵
↵
↵
以上↵
↵
担当：河野↵

HINT

●ページ設定：余白**「上30mm」「下25mm」**・行数**「35」**

Advice

- **「●」**は**「まる」**と入力して変換します。
- **「以上」**と入力して改行すると、自動的に右揃えになります。

※文書に「Lesson1」と名前を付けて保存しましょう。
「Lesson12」で使います。

Lesson 2 難易度 ★★★

アンケート集計結果報告

標準解答

OPEN

新しい文書

あなたは、営業企画部に所属しており、関係者にお客様アンケートの結果を報告する文書を作成することになりました。
次のように、文章を入力しましょう。

2024年5月6日
関係者各位
営業企画部

アンケート集計結果報告（3月）

3月に宿泊されたお客様のアンケートの集計結果は以下のとおりです。

実施時期：2024年3月1日（金）～3月31日（日）
回答人数：121名
集計結果：
単位：人

所感：当ホテルのロケーションや食事、サービスは半数以上のお客様に満足していただけているようだ。客室や料金の「やや不満足」「不満足」にチェックされたお客様からは、次のような意見をいただいた。次回の会議の議題としたい。
居間のようにくつろぐスペースと寝室をわけてほしい。
加湿器を置いてほしい。
別館の宿泊料金を本館より安くしてほしい。

担当：大野

HINT

●ページ設定：余白**「上下20mm」**・日本語用のフォント**「MSゴシック」**

Advice

- 使用するフォントが決まっている場合は、文字を入力する前にフォントの設定をしておくと全体のイメージがわかりやすくなります。
- **「～」**は**「から」**と入力して変換します。

※文書に「Lesson2」と名前を付けて保存しましょう。
「Lesson14」で使います。

Lesson 3

難易度 ★★★

招待状

標準解答

OPEN

新しい文書

あなたは、小学生の「2分の1成人式」の招待状を作成することになりました。
次のように、文章を入力しましょう。

↵
□様↵
□より↵
↵
「１０年間育ててくれてありがとう」という気持ちを
こめて「2分の１成人式」を４年生がやります。↵
ぜひ来てください。↵

HINT

●ページ設定：用紙サイズ「**はがき**」・余白「**上下左右10mm**」・文字数「**24**」/
日本語のフォント「**游ゴシック**」

Advice

• □は全角空白を表します。［　　　］（スペース）を押すと全角空白が入力されます。

※文書に「Lesson3」と名前を付けて保存しましょう。
「Lesson27」で使います。

Lesson 4 研修会開催の通知

難易度 ★★★

標準解答

OPEN

新しい文書

あなたは、総務部に所属しており、社内へ研修会の開催を通知する文書を作成することになりました。
次のように、文章を入力しましょう。

No.2024151
2024年1月22日
各位
総務部長

個人情報保護研修会開催について

当社では、個人情報保護の取り組みとしてプライバシーポリシーを制定しました。個人情報保護の必要性や重要性を認識し、定着させることが社内の緊急の課題となっております。
つきましては、下記のとおり「個人情報保護研修会」を実施しますので、参加日を各部署にて取りまとめのうえ、ご回答をお願いします。
なお、派遣社員およびアルバイト社員も対象とします。

記

開催日時：2024年2月13日（火）・14日（水）・15日（木）
午前10時～正午
研修会場：本社ビル5F□第1・2会議室
研修内容：個人情報保護規定□※ホームページを参照
回答期限：2024年2月2日（金）□午後5時まで
回答方法：別紙申込書にご記入のうえ、下記担当までメールでご回答ください。
回答先□：総務部□soumu@xxxx.xx.xx

以上

担当：木村
内線：1234-XXXX

HINT

●ページ設定：行数「30」

Advice

- 「No.」は「なんばー」と入力して変換します。
- 「※」は「こめ」と入力して変換します。
- 「記」と入力して改行すると自動的に中央揃えが設定され、2行下に「以上」が右揃えで入力されます。
- 初期の設定では、メールアドレスを入力すると下線が自動的に表示されます。

※文書に「Lesson4」と名前を付けて保存しましょう。
「Lesson13」で使います。

難易度 ★★★

Lesson 5 記念パーティーの案内

標準解答

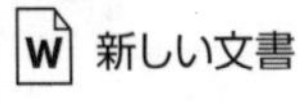

OPEN

新しい文書

あなたの会社は、創立20周年記念パーティーを開催することになり、取引先への案内を作成することになりました。
次のように、文章を入力しましょう。

2024年5月7日↵

↵

お取引先各位↵

クリーン・クリアライト株式会社↵

代表取締役□石原□和則↵

↵

創立20周年記念パーティーのご案内↵

↵

拝啓□新緑の候、貴社ますますご盛栄のこととお慶び申し上げます。平素は格別のご高配を賜り、厚く御礼申し上げます。↵

□さて、弊社は6月1日をもちまして創立20周年を迎えます。この節目の年を無事に迎えることができましたのも、ひとえに皆様方のおかげと感謝の念に堪えません。↵

□つきましては、創立20周年の記念パーティーを下記のとおり開催いたします。当日は弊社のOBや家族も出席させていただき、にぎやかな会にする予定でございます。ご多用中とは存じますが、ご参加くださいますようお願い申し上げます。↵

敬具↵

↵

記↵

↵

開催日□2024年6月1日（土）↵

開催時間□午後6時30分～午後8時30分↵

会場□桜グランドホテル□4F□悠久の間↵

↵

以上↵

↵

HINT

●ページ設定：行数「**30**」

Advice

- 「**拝啓**」と入力して改行すると、2行下に「**敬具**」が右揃えで自動的に入力されます。
- あいさつ文は、**《あいさつ文》**ダイアログボックスを使って入力すると効率的です。

※文書に「Lesson5」と名前を付けて保存しましょう。
「Lesson15」で使います。

Lesson 6

難易度 ★★★

教育方針

標準解答

OPEN

新しい文書

あなたは、高校の庶務課に所属しており、体験入学の案内を作成するために教育方針をまとめることになりました。
次のように、文章を入力しましょう。

桔梗高等学校教育方針↵
↵
↵
↵
礼節を重んじ、人を敬う心を育てるために、礼儀や道徳の指導を重視し、社会に貢献できる人格を形成します。↵
↵
↵
教養を高め、将来の夢の実現に必要な知識や技能を磨き、社会の変化に対応できる能力を身に付けます。↵
↵
↵
自分をとりまく社会について知り、自分の適性を見極め、進路を切り開く自立心を育てます。↵

HINT

●ページ設定：用紙サイズ「B5」・余白「上下左右20mm」

※文書に「Lesson6」と名前を付けて保存しましょう。
「Lesson16」で使います。

難易度 ★★★

体験入学の案内

標準解答

OPEN

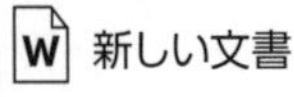

あなたは、高校の庶務課に所属しており、体験入学の案内を作成することになりました。次のように、文章を入力しましょう。

桔梗高等学校体験入学のご案内↵
↵
桔梗高等学校では毎年体験入学を開催しています。↵
授業やカフェテリアでの昼食、部活動など、桔梗高等学校での高校生活を一日体験してみませんか。↵
↵
↵
■対象者：中学 2、3 年生↵
↵
■日時↵
2024 年 10 月 19 日（土）9:30～14:00↵
2024 年 10 月 26 日（土）9:30～14:00↵
※どちらの日も内容は同じです。↵
↵
■当日のスケジュール↵
9:00～9:30□受付↵
9:30～9:45□オリエンテーション↵
9:45～10:15□校内見学↵
10:15～12:00□授業体験↵
12:00～13:00□昼食□※カフェテリアをご利用いただけます。↵
13:00～14:00□部活動体験↵
↵
■コース↵
普通科↵
情報科↵
体育科↵
↵
■その他↵
服□装：中学校の制服↵
持ち物：筆記用具、上履き、体操着（体育科コース希望者・運動部体験希望者）↵
↵
■お申し込み方法および期限↵
10 月 11 日（金）までに桔梗高等学校庶務課へお申し込みください。↵
↵
■お問い合わせ先↵
学校法人□桔梗高等学校□庶務課□045-XXX-XXXX↵

HINT

●ページ設定：余白「**上30mm**」・行数「**38**」・日本語用のフォント「**MSゴシック**」

Advice

- 「**■**」は「**しかく**」と入力して変換します。

※文書に「Lesson7」と名前を付けて保存しましょう。
「Lesson20」で使います。

Lesson 8 メンバー募集

難易度 ★★★

標準解答

OPEN

新しい文書

あなたは、小学生のミニバスケットボールチームを運営しており、メンバー募集のチラシを作成することになりました。
次のように、文章を入力しましょう。

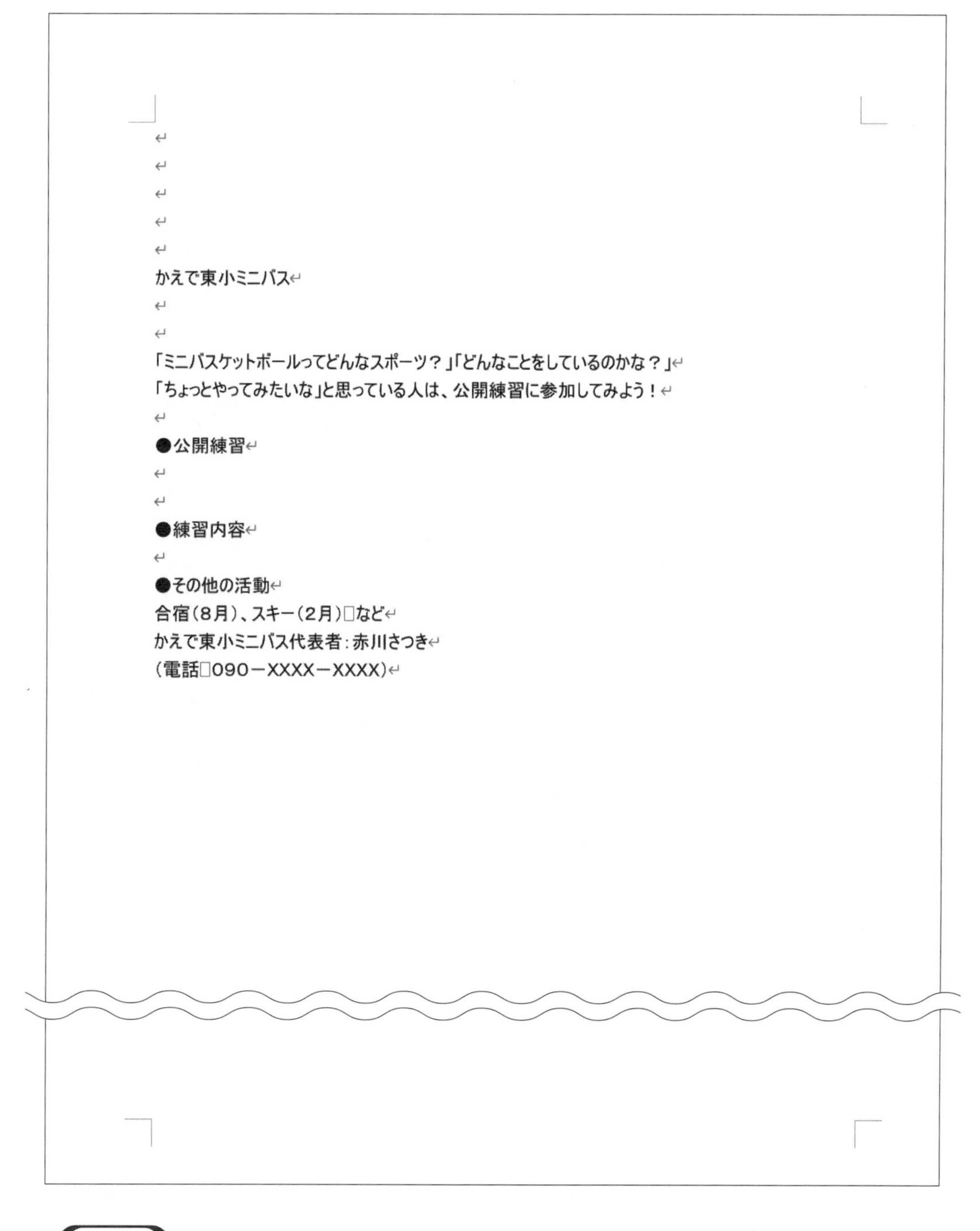

かえで東小ミニバス

「ミニバスケットボールってどんなスポーツ？」「どんなことをしているのかな？」
「ちょっとやってみたいな」と思っている人は、公開練習に参加してみよう！

●公開練習

●練習内容

●その他の活動
合宿（8月）、スキー（2月）□など
かえで東小ミニバス代表者：赤川さつき
（電話□090－XXXX－XXXX）

HINT

●ページ設定：余白「**上左25mm**」「**下15mm**」「**右20mm**」・日本語用のフォント「**MS UI Gothic**」・英数字用のフォント「**日本語用と同じフォント**」・フォントサイズ「**12**」

※文書に「Lesson8」と名前を付けて保存しましょう。
「Lesson17」で使います。

難易度 ★★★

インターネットに潜む危険

標準解答

OPEN

W 新しい文書

あなたは、インターネットに存在する危険をまとめた文書を作成することになりました。
次のように、文章を入力しましょう。

1ページ目

インターネットに潜む危険↵
↵
インターネットには危険が潜んでいる↵
インターネットはとても便利ですが、危険が潜んでいることを忘れてはいけません。世の中にお金をだまし取ろうとする人や他人を傷つけようとする人がいるように、インターネットの世界にも同じような悪い人がいるのです。インターネットには便利な面も多いですが、危険な面もあります。どのような危険が潜んでいるかを確認しましょう。↵
↵
個人情報が盗まれる↵
オンラインショッピングのときに入力するクレジットカード番号などの個人情報が盗まれて、他人に悪用されてしまうことがあります。個人情報はきちんと管理しておかないと、身に覚えのない利用料金を請求されることになりかねません。↵
↵
外部から攻撃される↵
インターネットで世界中の情報を見ることができるというのは、逆にいえば、世界のだれかが自分のパソコンに侵入する可能性があるということです。しっかりガードしておかないと、パソコンから大切な情報が漏れてしまったり、パソコン内の情報を壊すような攻撃をしかけられたりします。↵
↵
ウイルスに感染する↵
「コンピューターウイルス」とは、パソコンの正常な動作を妨げるプログラムのことで、単に「ウイルス」ともいいます。ウイルスに感染すると、パソコンが起動しなくなったり、動作が遅くなったり、ファイルが壊れたりといった深刻な被害を引き起こすことがあります。↵
ウイルスの感染経路として次のようなことがあげられます。↵
ホームページを表示する↵
インターネットからダウンロードしたファイルを開く↵
Eメールに添付されているファイルを開く↵
USBメモリなどのメディアを利用する↵
↵
ウイルスの種類↵
↵
情報や人にだまされる↵
インターネット上の情報がすべて真実で善意に満ちたものとは限りません。内容が間違っていることもあるし、見る人をだまそうとしていることもあります。巧みに誘い込まれて、無料だと思い込んで利用したサービスが、実は有料だったということも少なくありません。↵
また、インターネットを通して新しい知り合いができるかもしれませんが、中には、悪意を

2ページ目

持って近づいてくる人もいます。安易に誘いに乗ると、危険な目にあう可能性があります。↵
↵
フィッシング詐欺↓
「フィッシング詐欺」とは、パスワードなどの個人情報を搾取する目的で、送信者名を金融機関などの名称で偽装してEメールを送信し、Eメール本文から巧妙に作られたホームページへジャンプするように誘導する詐欺です。誘導したホームページに暗証番号やクレジットカード番号を入力させて、それを不正に利用します。↵
↵
ワンクリック詐欺↓
「ワンクリック詐欺」とは、画像や文字をクリックしただけで利用料金などを請求するような詐欺のことです。ホームページに問い合わせ先やキャンセル時の連絡先などが表示されていることもありますが、絶対に自分から連絡をしてはいけません。↵
【事例】□受信したEメールに記載されているアドレスをクリックしてホームページを表示したところ、「会員登録が完了したので入会金をお支払いください。」と一方的に請求された。↵
↵

Advice

- ↓（強制改行）は、段落を変えずに改行すると表示されます。段落を変えずに改行するには、Shift を押しながら Enter を押します。

※文書に「Lesson9」と名前を付けて保存しましょう。
「Lesson19」で使います。

Lesson 10 インターネットの安全対策

難易度 ★★★

標準解答

OPEN

新しい文書

あなたは、インターネットを利用する際の安全対策をまとめた文書を作成することになりました。
次のように、文章を入力しましょう。

1ページ目

インターネットの安全対策
1□危険から身を守るには
インターネットには危険がいっぱい、インターネットを使うのをやめよう！なんて考えていませんか？どうしたら危険を避けることができるのでしょうか。信用できない人とやり取りしない、被害にあったら警察に連絡するなどの安全対策が何より大切です。

パスワードは厳重に管理する
インターネット上のサービスを利用するときは、ユーザー名とパスワードで利用するユーザーが特定されます。その情報が他人に知られると、他人が無断でインターネットに接続したり、サービスを利用したりする危険があります。パスワードは、他人に知られないように管理します。パスワードを尋ねるような問い合わせに応じたり、人目にふれるところにパスワードを書いたメモを置いたりすることはやめましょう。また、パスワードには、氏名、生年月日、電話番号など簡単に推測されるものを使ってはいけません。

他人のパソコンで個人情報を入力しない
インターネットカフェなど不特定多数の人が利用するパソコンに、個人情報を入力することはやめましょう。入力したユーザー名やパスワードがパソコンに残ってしまったり、それらを保存するようなしかけがされていたりする可能性があります。

個人情報をむやみに入力しない
懸賞応募や占い判定など楽しい企画をしているホームページで、個人情報を入力する場合は、信頼できるホームページであるかを見極めてからにしましょう。

SSL 対応を確認して個人情報を入力する
個人情報やクレジットカード番号など重要な情報を入力する場合、「SSL」に対応したホームページであることを確認します。SSL とは、ホームページに書き込む情報が漏れないように暗号化するしくみです。SSL に対応したホームページは、アドレスが「https://」で始まり、アドレスバーに鍵のアイコンが表示されます。

怪しいファイルは開かない
知らない人から届いた E メールや怪しいホームページからダウンロードしたファイルは、絶対に開いてはいけません。ファイルを開くと、ウイルスに感染してしまうことがあります。

ホームページの内容をよく読む
ホームページの内容をよく読まずに次々とクリックしていると、料金を請求される可能性があります。有料の表示をわざと見えにくくして利用者に気付かせないようにしているものもあります。このような場合、見る側の不注意とみなされ高額な料金を支払うことになる場合もあります。ホームページの内容はよく読み、むやみにクリックすることはやめましょう。

2ページ目

電源を切断する
インターネットに接続している時間が長くなると、外部から侵入される可能性が高くなります。パソコンを利用しないときは電源を切断するように心がけましょう。

２□加害者にならないために
インターネットを利用していて、最も怖いことは自分が加害者になってしまうことです。加害者にならないために、正しい知識を学びましょう。

ウイルス対策をする
ウイルスに感染しているファイルをＥメールに添付して送ったり、ホームページに公開したりしてはいけません。知らなかったではすまされないので、ファイルをウイルスチェックするなどウイルス対策には万全を期しましょう。

個人情報を漏らさない
SNSやブログなどに他人の個人情報を書き込んではいけません。仲間うちの人しか見ていないから大丈夫！といった油断は禁物です。ホームページの内容は多くの人が見ていることを忘れてはいけません。

著作権に注意する
文章、写真、イラスト、音楽などのデータにはすべて「著作権」があります。自分で作成したホームページに、他人のホームページのデータを無断で転用したり、新聞や雑誌などの記事や写真を無断で転載したりすると、著作権の侵害になることがあります。

肖像権に注意する
自分で撮影した写真でも、その写真に写っている人に無断でホームページに掲載すると、「肖像権」の侵害になることがあります。写真を掲載する場合は、家族や親しい友人でも一言声をかけるようにしましょう。

HINT

●ページ設定：余白**「上30mm」「下左右25mm」**・日本語用のフォント**「MSゴシック」**

※文書に「Lesson10」と名前を付けて保存しましょう。
「Lesson21」で使います。

難易度 ★★★

掃除のコツ

標準解答

OPEN
新しい文書

あなたは、掃除のコツをまとめた文書を作成することになりました。
次のように、文章を入力しましょう。

1ページ目

掃除のコツと裏ワザ↵
効率的な掃除の方法↵
家の中には、いつもきれいにしておきたいと思いながらもなかなか手がつけられず、結局年に一度の大掃除となってしまう、という場所があります。なかなか掃除をしないから汚れもひどくなり、少しくらい掃除をしただけではきれいにならない、掃除が嫌になってさらに汚れがたまる、という悪循環が発生しています。台所のガスコンロや換気扇、窓ガラスや網戸などがその代表例です。これらの場所は、掃除が苦手な人だけでなく掃除が得意な人にとっても、汚れがたまると掃除するのが億劫になる場所であり、掃除の悪循環が発生しやすい場所といえます。↵
↵
掃除の裏ワザ↵
洗剤の成分や道具などの商品知識を豊かにしたり、手順や要領を身に付けたりすると、家庭にあるものを上手に活用することができます。汚れがたまる前に試してみましょう。↵
↵
やかんの湯垢↵
少量の酢を入れた濃い塩水に一晩つけて置き、スチールウールでこすり落とします。↵
↵
コップ・急須などの茶渋↵
みかんの皮に塩をまぶして茶渋をこすりとり、布に水を含ませた重曹をつけて磨きます。↵
↵
まな板↵
レモンの切れ端でこすり、漂白します。↵
↵
フキンの黒ずみ↵
カップ1杯の水にレモン半分とフキンを入れて煮ます。↵
↵
鏡↵
クエン酸を水で溶かしたものをスプレーします。しばらく放置してから水拭きします。↵
↵
蛇口↵
古いストッキングやナイロンタオルで磨きます。↵
↵
金属磨き↵
布に練り歯磨きをつけて磨きます。狭いところは先をつぶした爪楊枝を使います。↵
銀製品は重曹を使います。↵
↵
掃除のコツ↵
掃除の達人は、「簡単な掃除の知識さえあれば、汚れを落とすことができ、やる気も起きて

2ページ目

どんどんきれいになっていく」と言っています。↵
身近なものを使って汚れが落ちる掃除のコツと裏ワザを、DIY に詳しい中村博之さんに伺いました。もし、あなたが掃除が苦手でも大丈夫。ここで紹介してる掃除のコツを読んで、掃除の悪循環から抜け出しましょう。↵
↵
ガスコンロ↵
調理の際の煮物の吹きこぼれ、炒めものの油はねなどはその場で拭き取っておくとよいでしょう。それでもたまっていく焦げつき汚れは、重曹を使った煮洗いが効果的です。焦げつきが柔らかくなり、落としやすくなります。↵
【手順】↵
大きな鍋に水を入れ重曹を加えます。↵
その中に五徳や受け皿、グリルなどをつけて 10 分ほど煮てから水洗いします。↵
↵
台所の換気扇↵
換気扇の油汚れには、つけ置き洗いがおすすめです。洗剤は市販の専用品ではなく、身近にあるもので十分です。↵
【手順】↵
酵素系漂白剤（弱アルカリ性）ｶｯﾌﾟ 2〜3 杯に、食器洗い洗剤（中性）を小さじ 3 杯入れて混ぜ、つけ置き洗い用洗剤を作ります。アルカリ性の油汚れ用洗剤でつけ置き洗いをすると塗装まではがれることもあるので注意が必要。↵
換気扇の部品をはずし、ひどい汚れは割り箸で削り落とします。↵
シンクや大きな入れ物の中に汚れ防止用のビニール袋を敷き、40 度ほどのお湯を入れてから①を加えて溶かします。その中に部品を 1 時間ほどつけて置きます。↵
歯ブラシで汚れを落としたあとに水洗いしてできあがりです。↵
↵
窓ガラス↵
窓ガラスの汚れは、一般的には住居用洗剤を吹きつけて拭き取ります。水滴をそのままにしておくと、跡になってしまうのでから拭きするのがコツです。から拭きには丸めた新聞紙を使うとよいでしょう。インクがワックス代わりをしてくれます。↵
【手順】↵
1%に薄めた住居用洗剤を霧吹きで窓ガラスに吹きつけ、スポンジでのばします。↵
窓ガラスの左上から右へとスクイージーを浮かせないように引き、枠の手前で止めて、スクイージーのゴム部分の水を拭き取ります。↵
同じように下段へと進み、下まで引いたら、右側の残した部分を上から下へと引きおろします。↵
仕上げに丸めた新聞紙でから拭きします。↵
↵
網戸↵

3ページ目

網戸は外して水洗いするのが理想的ですが、無理な場合は、塗装用のコテバケを使うとよいでしょう。↵
【手順】↵
住居用洗剤を溶かしたぬるま湯にコテバケをつけて絞り、網の上下または左右に塗ります。↵
しばらく放置したあと固く絞った雑巾で拭き取ります。↵
↵
ブラインド↵
ブラインド専用の掃除用具も販売されていますが、軍手を使うと簡単に汚れを取ることができます。↵
【手順】↵
ゴム手袋をした上に軍手をはめます。↵
指先に水で薄めた住居用洗剤をつけて絞り、ブラインドを指で挟むように拭きます。↵
軍手を水洗いして水拭きをします。↵
仕上げに乾いた軍手でから拭きします。↵
↵

HINT

●ページ設定：余白**「上30mm」「下25mm」**

Advice

- 表記のゆれ（**「カップ」**と**「ｶｯﾌﾟ」**）や誤字・脱字などは、図のとおり入力します。あとのLessonで、まとめて修正する方法を学習します。
- **「【 】」**は**「かっこ」**と入力して変換します。

※文書に「Lesson11」と名前を付けて保存しましょう。
「Lesson18」で使います。

Word編

第2章

基本的なレポートを作成する

Officeのアップデートの状況によって、文字のサイズや文章の折り返し位置、行間隔などが完成図と同じ結果にならない場合があります。その場合は、FOM出版のホームページからダウンロードした完成版のファイルを開いて操作してください。

※P.4「5 学習ファイルについて」を参考に、使用するファイルをダウンロードしておきましょう。

Lesson 12 売上報告

難易度 ★★★

標準解答

OPEN

Lesson1

あなたは、営業部に所属しており、スプリングフェアの売上をまとめた文書を作成しています。
次のように、書式を設定しましょう。

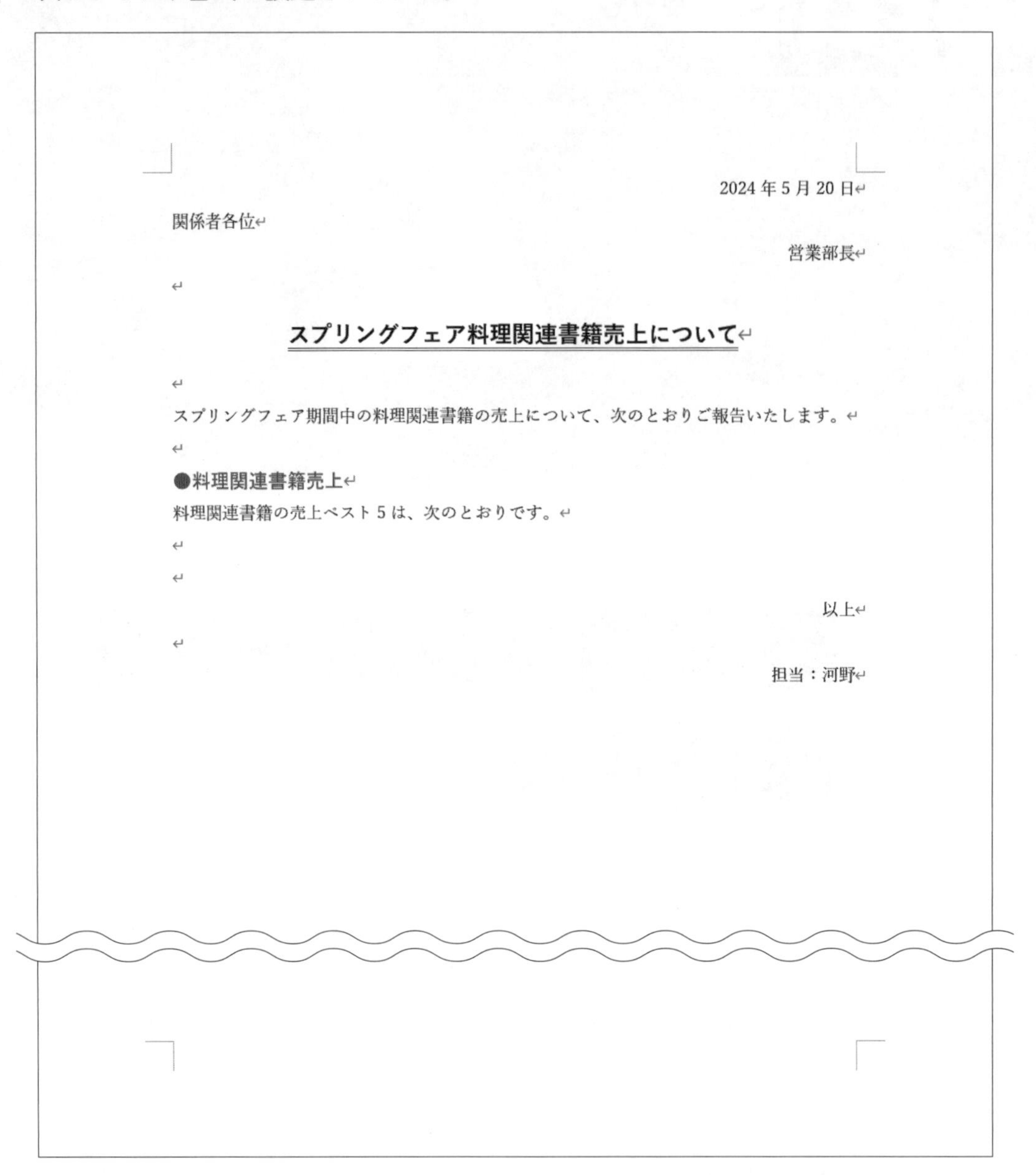

2024年5月20日

関係者各位

営業部長

スプリングフェア料理関連書籍売上について

スプリングフェア期間中の料理関連書籍の売上について、次のとおりご報告いたします。

●料理関連書籍売上
料理関連書籍の売上ベスト5は、次のとおりです。

以上

担当：河野

HINT

●タイトル　：フォント「**游ゴシック**」・フォントサイズ「**14**」・太字
●「**●料理関連書籍売上**」　：フォント「**MSPゴシック**」・フォントサイズ「**12**」・フォントの色「**青**」

Advice

- 複数の離れた範囲を選択する場合は、Ctrl を使います。

※文書に「Lesson12」と名前を付けて保存しましょう。
「Lesson36」、「連携編Lesson2」で使います。

Lesson 13

難易度 ★★★

研修会開催の通知

標準解答

OPEN

Lesson4

あなたは、総務部に所属しており、社内へ研修会の開催を通知する文書を作成しています。
次のように、書式を設定しましょう。

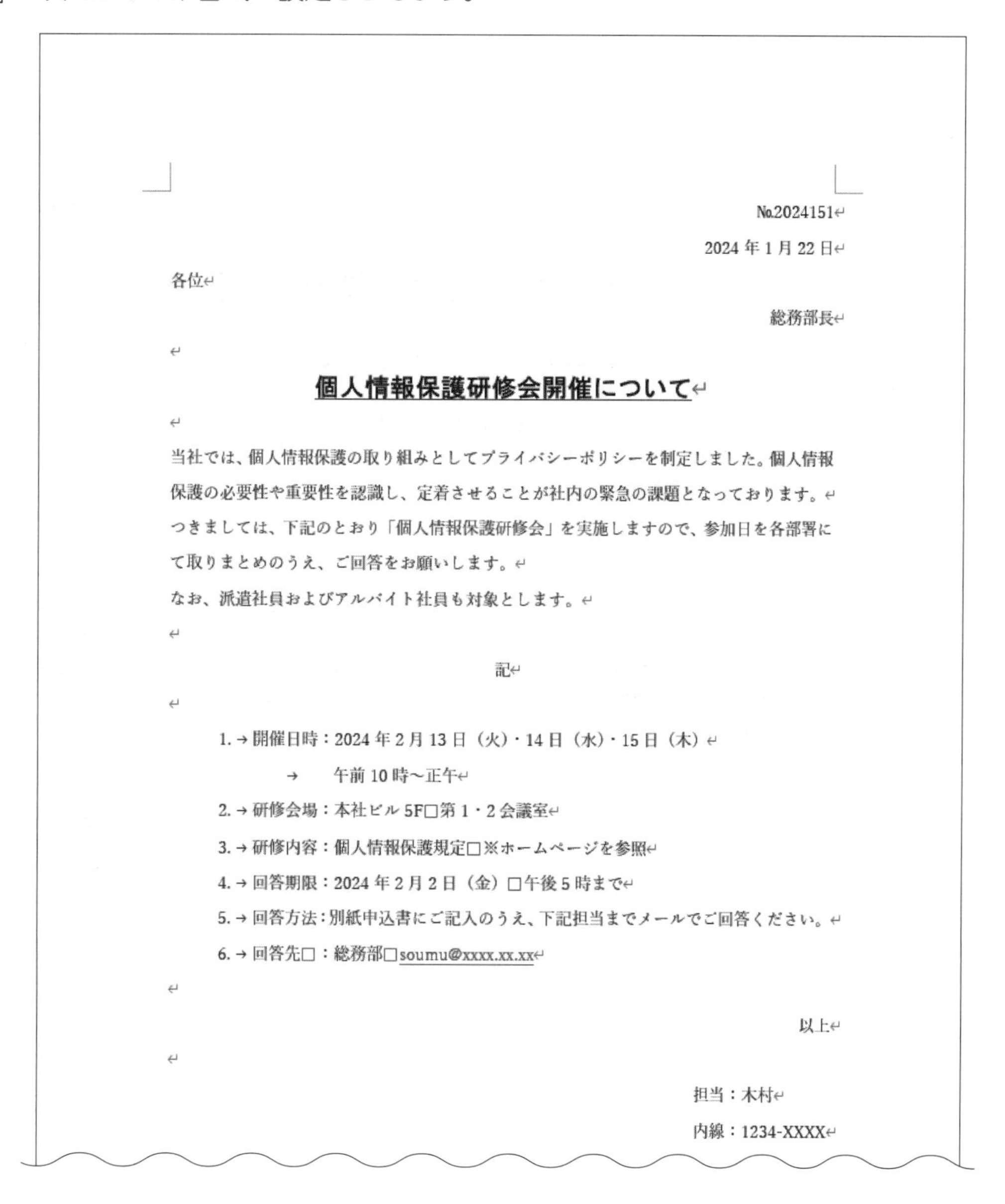

No.2024151

2024年1月22日

各位

総務部長

個人情報保護研修会開催について

当社では、個人情報保護の取り組みとしてプライバシーポリシーを制定しました。個人情報保護の必要性や重要性を認識し、定着させることが社内の緊急の課題となっております。
つきましては、下記のとおり「個人情報保護研修会」を実施しますので、参加日を各部署にて取りまとめのうえ、ご回答をお願いします。
なお、派遣社員およびアルバイト社員も対象とします。

記

1. 開催日時：2024年2月13日（火）・14日（水）・15日（木）
   午前10時～正午
2. 研修会場：本社ビル 5F□第1・2会議室
3. 研修内容：個人情報保護規定□※ホームページを参照
4. 回答期限：2024年2月2日（金）□午後5時まで
5. 回答方法：別紙申込書にご記入のうえ、下記担当までメールでご回答ください。
6. 回答先□：総務部□soumu@xxxx.xx.xx

以上

担当：木村
内線：1234-XXXX

HINT

- タイトル：フォント「**MSゴシック**」・フォントサイズ「**16**」・太字
- 16～22行目のインデント：左「**3字**」
- 26～27行目のインデント：左「**32字**」
- 段落番号
- 17行目のタブ位置：「**10字**」

Advice

- インデントやタブ位置を正確に設定する場合は、数値を指定すると効率的です。

※文書に「Lesson13」と名前を付けて保存しましょう。

難易度 ★★★

Lesson 14 アンケート集計結果報告

標準解答

OPEN

Lesson2

あなたは、営業企画部に所属しており、関係者にお客様アンケートの結果を報告する文書を作成しています。
次のように、書式を設定しましょう。

2024年5月6日

関係者各位

営業企画部

アンケート集計結果報告（3月）

3月に宿泊されたお客様のアンケートの集計結果は以下のとおりです。

- 実施時期：2024年3月1日（金）～3月31日（日）
- 回答人数：121名
- 集計結果：

単位：人

- 所感：当ホテルのロケーションや食事、サービスは半数以上のお客様に満足していただけているようだ。客室や料金の「やや不満足」「不満足」にチェックされたお客様からは、次のような意見をいただいた。次回の会議の議題としたい。
  - 居間のようにくつろぐスペースと寝室をわけてほしい。
  - 加湿器を置いてほしい。
  - 別館の宿泊料金を本館より安くしてほしい。

担当：大野

HINT

- タイトル：フォントサイズ「20」・太字
- 箇条書き

Advice

- 箇条書きは、すべての段落にまとめて設定したあと、18～20行目だけレベルを変更します。

※文書に「Lesson14」と名前を付けて保存しましょう。
「連携編Lesson1」で使います。

Lesson 15

難易度 ★★★

記念パーティーの案内

標準解答

OPEN

Lesson5

あなたの会社は、創立20周年記念パーティーを開催することになり、取引先への案内を作成しています。
次のように、書式を設定しましょう。

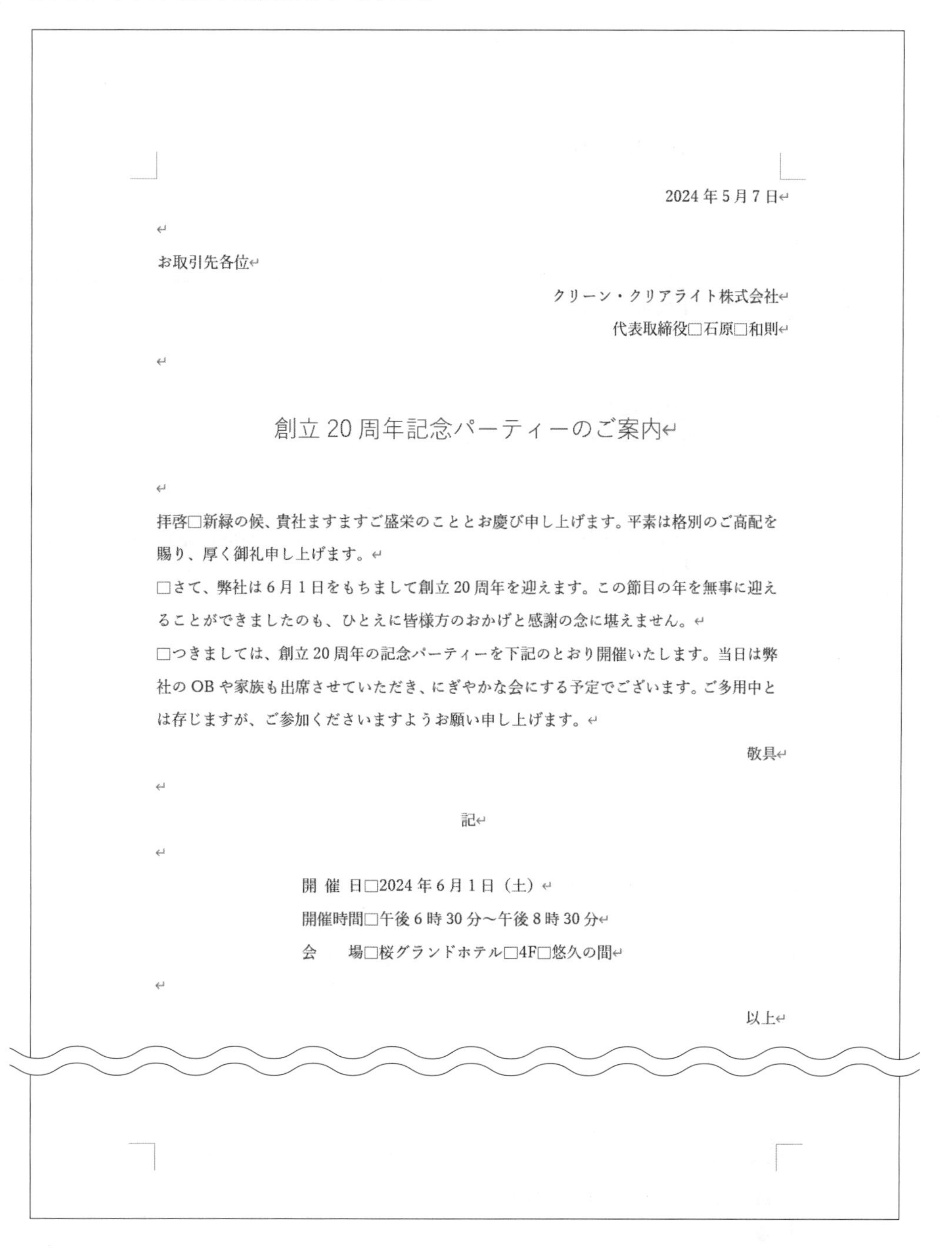

2024年5月7日

お取引先各位

クリーン・クリアライト株式会社
代表取締役□石原□和則

創立20周年記念パーティーのご案内

拝啓□新緑の候、貴社ますますご盛栄のこととお慶び申し上げます。平素は格別のご高配を賜り、厚く御礼申し上げます。
□さて、弊社は6月1日をもちまして創立20周年を迎えます。この節目の年を無事に迎えることができましたのも、ひとえに皆様方のおかげと感謝の念に堪えません。
□つきましては、創立20周年の記念パーティーを下記のとおり開催いたします。当日は弊社のOBや家族も出席させていただき、にぎやかな会にする予定でございます。ご多用中とは存じますが、ご参加くださいますようお願い申し上げます。

敬具

記

開催日□2024年6月1日（土）
開催時間□午後6時30分～午後8時30分
会　　場□桜グランドホテル□4F□悠久の間

以上

HINT

- タイトル　：スタイル「**表題**」
- インデント：左「**9.5字**」

※文書に「Lesson15」と名前を付けて保存しましょう。
「Lesson41」で使います。

難易度 ★★★

Lesson 16 教育方針

標準解答

OPEN
Lesson6

あなたは、高校の庶務課に所属しており、体験入学の案内を作成するために教育方針をまとめています。
次のように、書式を設定しましょう。

桔梗高等学校教育方針

礼節を重んじ、人を敬う心を育てるために、礼儀や道徳の指導を重視し、社会に貢献できる人格を形成します。

教養を高め、将来の夢の実現に必要な知識や技能を磨き、社会の変化に対応できる能力を身に付けます。

自分をとりまく社会について知り、自分の適性を見極め、進路を切り開く自立心を育てます。

HINT

- タイトル：フォント「**MSゴシック**」・太字
- ドロップキャップ

Advice

- F4 を押すと直前の操作を繰り返すことができます。

※文書に「Lesson16」と名前を付けて保存しましょう。
「Lesson25」で使います。

Lesson 17 メンバー募集

難易度 ★★★

標準解答

OPEN
Lesson8

あなたは、小学生のミニバスケットボールチームを運営しており、メンバー募集のチラシを作成しています。
次のように、書式を設定しましょう。

かえで東小ミニバス

「ミニバスケットボールってどんなスポーツ？」「どんなことをしているのかな？」
「ちょっとやってみたいな」と思っている人は、公開練習に参加してみよう！

●公開練習

日にち→時間 → 場所
5月12日（日）→9：00～12：00→かえで東小体育館
5月19日（日）→〃 → 〃
5月26日（日）→〃 → 〃

●練習内容

●その他の活動

合宿（8月）、スキー（2月）□など

かえで東小ミニバス代表者：赤川（あかがわ）さつき
（電話□090－XXXX－XXXX）

HINT

●テーマ　：「スライス」
●12行目、18行目、20行目の文字：フォントサイズ「16」
●ルビ　：「赤川」（22行目）

Advice

- 公開練習の日程（13～16行目）は、あとから表に変換できるように Tab を使って入力します。
- 「〃」は「おなじ」と入力して変換します。

※文書に「Lesson17」と名前を付けて保存しましょう。
「Lesson24」で使います。

Lesson 18

難易度 ★★★

掃除のコツ

標準解答

OPEN

Lesson11

あなたは、掃除のコツをまとめた文書を作成しています。
次のように、書式を設定しましょう。

1ページ目

掃除のコツと裏ワザ

▪ 効率的な掃除の方法

家の中には、いつもきれいにしておきたいと思いながらもなかなか手がつけられず、結局年に一度の大掃除となってしまう、という場所があります。なかなか掃除をしないから汚れもひどくなり、少しくらい掃除をしただけではきれいにならない、掃除が嫌になってさらに汚れがたまる、という悪循環が発生しています。台所のガスコンロや換気扇、窓ガラスや網戸などがその代表例です。これらの場所は、掃除が苦手な人だけでなく掃除が得意な人にとっても、汚れがたまると掃除するのが億劫になる場所であり、掃除の悪循環が発生しやすい場所といえます。

▪ 掃除の裏ワザ

洗剤の成分や道具などの商品知識を豊かにしたり、手順や要領を身に付けたりすると、家庭にあるものを上手に活用することができます。汚れがたまる前に試してみましょう。

▪ やかんの湯垢
少量の酢を入れた濃い塩水に一晩つけて置き、スチールウールでこすり落とします。

▪ コップ・急須などの茶渋
みかんの皮に塩をまぶして茶渋をこすりとり、布に水を含ませた重曹をつけて磨きます。

▪ まな板
レモンの切れ端でこすり、漂白します。

▪ フキンの黒ずみ
カップ1杯の水にレモン半分とフキンを入れて煮ます。

▪ 鏡
クエン酸を水で溶かしたものをスプレーします。しばらく放置してから水拭きします。

▪ 蛇口
古いストッキングやナイロンタオルで磨きます。

▪ 金属磨き
布に練り歯磨きをつけて磨きます。狭いところは先をつぶした爪楊枝を使います。

1

2ページ目

銀製品は重曹を使います。

▪ 掃除のコツ

掃除の達人は、「簡単な掃除の知識さえあれば、汚れを落とすことができ、やる気も起きてどんどんきれいになっていく」と言っています。
身近なものを使って汚れが落ちる掃除のコツと裏ワザを、DIY(DIY とは、Do It Yourself の略で、自分の頭と手を使って快適な住まいを創造すること。)に詳しい中村博之さんに伺いました。もし、あなたが掃除が苦手でも大丈夫。ここで紹介してる掃除のコツを読んで、掃除の悪循環から抜け出しましょう。

▪ ガスコンロ
調理の際の煮物の吹きこぼれ、炒めものの油はねなどはその場で拭き取っておくとよいでしょう。それでもたまっていく焦げつき汚れは、重曹を使った煮洗いが効果的です。焦げつきが柔らかくなり、落としやすくなります。
【手順】
①→大きな鍋に水を入れ重曹を加えます。
②→その中に五徳や受け皿、グリルなどをつけて10分ほど煮てから水洗いします。

▪ 台所の換気扇
換気扇の油汚れには、つけ置き洗いがおすすめです。洗剤は市販の専用品ではなく、身近にあるもので十分です。
【手順】
①→酵素系漂白剤（弱アルカリ性）カップ 2～3杯に、食器洗い洗剤（中性）を小さじ3杯入れて混ぜ、つけ置き洗い用洗剤を作ります。(アルカリ性の油汚れ用洗剤でつけ置き洗いをすると塗装まではがれることもあるので注意が必要。)
②→換気扇の部品をはずし、ひどい汚れは割り箸で削り落とします。
③→シンクや大きな入れ物の中に汚れ防止用のビニール袋を敷き、40度ほどのお湯を入れてから①を加えて溶かします。その中に部品を1時間ほどつけて置きます。
④→歯ブラシで汚れを落としたあとに水洗いしてできあがりです。

▪ 窓ガラス
窓ガラスの汚れは、一般的には住居用洗剤を吹きつけて拭き取ります。水滴をそのままにしておくと、跡になってしまうのでから拭きするのがコツです。から拭きには丸めた新聞紙を使うとよいでしょう。インクがワックス代わりをしてくれます。
【手順】
①→1%に薄めた住居用洗剤を霧吹きで窓ガラスに吹きつけ、スポンジでのばします。
②→窓ガラスの左上から右へとスクイージーを浮かせないように引き、枠の手前で止めて、スクイージーのゴム部分の水を拭き取ります。

2

3ページ目

③→同じように下段へと進み、下まで引いたら、右側の残した部分を上から下へと引きおろします。↵
④→仕上げに丸めた新聞紙でから拭きします。↵
↵
▪網戸↵
網戸は外して水洗いするのが理想的ですが、無理な場合は、塗装用のコテバケを使うとよいでしょう。↵
【手順】↵
①→住居用洗剤を溶かしたぬるま湯にコテバケをつけて絞り、網の上下または左右に塗ります。↵
②→しばらく放置したあと固く絞った雑巾で拭き取ります。↵
↵
▪ブラインド↵
ブラインド専用の掃除用具も販売されていますが、軍手を使うと簡単に汚れを取ることができます。↵
【手順】↵
①→ゴム手袋をした上に軍手をはめます。↵
②→指先に水で薄めた住居用洗剤をつけて絞り、ブラインドを指で挟むように拭きます。↵
③→軍手を水洗いして水拭きをします。↵
④→仕上げに乾いた軍手でから拭きします。↵
↵

HINT

●タイトル　：フォントサイズ**「20」**・太字・フォントの色**「濃い赤」**
●大見出し　：スタイル**「見出し1」**・太字・一重下線
●小見出し　：スタイル**「見出し2」**・太字
●段落番号
●割注　　　：**「DIYとは、Do It Yourselfの略で、自分の頭と手を使って快適な住まいを創造すること。」**
（2ページ5行目の**「DIY」**の後ろ）
「アルカリ性の油汚れ用洗剤でつけ置き洗いをすると塗装まではがれることもあるので注意が必要。」（2ページ22行目）
●ページ番号：ページの下部**「番号のみ2」**

Advice

• 割注を設定する文字が入力されていない場合は入力します。

※文書に「Lesson18」と名前を付けて保存しましょう。
「Lesson43」で使います。

Lesson 19

難易度 ★★★

インターネットに潜む危険

標準解答

OPEN

Lesson9

あなたは、インターネットに存在する危険をまとめた文書を作成しています。
次のように、書式を設定しましょう。

1ページ目

配布資料

インターネットに潜む危険

インターネットには危険が潜んでいる
インターネットはとても便利ですが、危険が潜んでいることを忘れてはいけません。世の中にお金をだまし取ろうとする人や他人を傷つけようとする人がいるように、インターネットの世界にも同じような悪い人がいるのです。インターネットには便利な面も多いですが、危険な面もあります。どのような危険が潜んでいるかを確認しましょう。

個人情報が盗まれる
オンラインショッピングのときに入力するクレジットカード番号などの個人情報が盗まれて、他人に悪用されてしまうことがあります。個人情報はきちんと管理しておかないと、身に覚えのない利用料金を請求されることになりかねません。

外部から攻撃される
インターネットで世界中の情報を見ることができるというのは、逆にいえば、世界のだれかが自分のパソコンに侵入する可能性があるということです。しっかりガードしておかないと、パソコンから大切な情報が漏れてしまったり、パソコン内の情報を壊すような攻撃をしかけられたりします。

改ページ

1

2ページ目

配布資料

ウイルスに感染する
「コンピューターウイルス」とは、パソコンの正常な動作を妨げるプログラムのことで、単に「ウイルス」ともいいます。ウイルスに感染すると、パソコンが起動しなくなったり、動作が遅くなったり、ファイルが壊れたりといった深刻な被害を引き起こすことがあります。
ウイルスの感染経路として次のようなことがあげられます。
①→ホームページを表示する
②→インターネットからダウンロードしたファイルを開く
③→Eメールに添付されているファイルを開く
④→USBメモリなどのメディアを利用する

ウイルスの種類

情報や人にだまされる
インターネット上の情報がすべて真実で善意に満ちたものとは限りません。内容が間違っていることもあるし、見る人をだまそうとしていることもあります。巧みに誘い込まれて、無料だと思い込んで利用したサービスが、実は有料だったということも少なくありません。
また、インターネットを通して新しい知り合いができるかもしれませんが、中には、悪意を持って近づいてくる人もいます。安易に誘いに乗ると、危険な目にあう可能性があります。

◆→フィッシング詐欺
「フィッシング詐欺」とは、パスワードなどの個人情報を搾取する目的で、送信者名を金融機関などの名称で偽装してEメールを送信し、Eメール本文から巧妙に作られたホームページへジャンプするように誘導する詐欺です。誘導したホームページに暗証番号やクレジットカード番号を入力させて、それを不正に利用します。

◆→ワンクリック詐欺
「ワンクリック詐欺」とは、画像や文字をクリックしただけで利用料金などを請求するような詐欺のことです。ホームページに問い合わせ先やキャンセル時の連絡先などが表示されていることもありますが、絶対に自分から連絡をしてはいけません。

【事例】□受信したEメールに記載されているアドレスをクリックしてホームページを表示したところ、「会員登録が完了したので入会金をお支払いください。」と一方的に請求された。

2

HINT

●タイトル　：フォント**「MSゴシック」**・フォントサイズ**「20」**・文字の効果と体裁**「塗りつぶし(グラデーション):青、アクセントカラー5;反射」**
●段落番号
●**「ウイルスの種類」**：フォント**「MSゴシック」**・フォントサイズ**「12」**・囲み線・文字の網かけ
●箇条書き
●2ページ30～32行目のインデント：左**「2.5字」**
●ページ番号　：ページの下部**「細い線」**

※文書に「Lesson19」と名前を付けて保存しましょう。
「Lesson22」で使います。

Lesson 20

難易度 ★★★

体験入学の案内

標準解答

OPEN

Lesson7

あなたは、高校の庶務課に所属しており、体験入学の案内を作成しています。
次のように、書式を設定しましょう。

桔梗高等学校体験入学のご案内

桔梗高等学校では毎年体験入学を開催しています。
授業やカフェテリアでの昼食、部活動など、桔梗高等学校での高校生活を一日体験してみませんか。

■対象者：中学2、3年生

■日時
①→2024年10月19日（土）9:30～14:00
②→2024年10月26日（土）9:30～14:00
※どちらの日も内容は同じです。

■当日のスケジュール
①→9:00～9:30□受付
②→9:30～9:45□オリエンテーション
③→9:45～10:15□校内見学
④→10:15～12:00□授業体験
⑤→12:00～13:00□昼食□※カフェテリアをご利用いただけます。
⑥→13:00～14:00□部活動体験

■コース
①→普通科
②→情報科
③→体育科

■その他
服□装：中学校の制服
持ち物：筆記用具、上履き、体操着（体育科コース希望者・運動部体験希望者）

■お申し込み方法および期限
10月11日（金）までに桔梗高等学校庶務課へお申し込みください。

■お問い合わせ先
学校法人□桔梗高等学校□庶務課□045-XXX-XXXX

HINT

●タイトル　：フォントサイズ**「24」**・太字・文字の効果と体裁**「塗りつぶし：青、アクセントカラー5；輪郭：白、背景色1；影（ぼかしなし）：青、アクセントカラー5」**
●インデント：左**「2字」**
●段落番号

Advice

- 段落番号を①からふり直す場合は、段落番号を右クリックし、ショートカットメニューの**《①から再開》**を使います。
- 傍点を設定する場合は、**《フォント》**ダイアログボックスを使います。

※文書に「Lesson20」と名前を付けて保存しましょう。
「Lesson29」で使います。

Lesson 21

難易度 ★★★

インターネットの安全対策

標準解答

OPEN

Lesson10

あなたは、インターネットを利用する際の安全対策をまとめた文書を作成しています。

① 次のように、書式を設定しましょう。

1ページ目

インターネットの安全対策

1　危険から身を守るには

インターネットには危険がいっぱい、インターネットを使うのをやめよう！なんて考えていませんか？どうしたら危険を避けることができるのでしょうか。信用できない人とやり取りしない、被害にあったら警察に連絡するなどの安全対策が何より大切です。

パスワードは厳重に管理する

インターネット上のサービスを利用するときは、ユーザー名とパスワードで利用するユーザーが特定されます。その情報が他人に知られると、他人が無断でインターネットに接続したり、サービスを利用したりする危険があります。パスワードは、他人に知られないように管理します。パスワードを尋ねるような問い合わせに応じたり、人目にふれるところにパスワードを書いたメモを置いたりすることはやめましょう。また、パスワードには、氏名、生年月日、電話番号など簡単に推測されるものを使ってはいけません。

他人のパソコンで個人情報を入力しない

インターネットカフェなど不特定多数の人が利用するパソコンに、個人情報を入力することはやめましょう。入力したユーザー名やパスワードがパソコンに残ってしまったり、それらを保存するようなしかけがされていたりする可能性があります。

個人情報をむやみに入力しない

懸賞応募や占い判定など楽しい企画をしているホームページで、個人情報を入力する場合は、信頼できるホームページであるかを見極めてからにしましょう。

SSL対応を確認して個人情報を入力する

個人情報やクレジットカード番号など重要な情報を入力する場合、「SSL」に対応したホームページであることを確認します。SSLとは、ホームページに書き込む情報が漏れないように暗号化するしくみです。SSLに対応したホームページは、アドレスが「https://」で始まり、アドレスバーに鍵のアイコンが表示されます。

怪しいファイルは開かない

知らない人から届いたEメールや怪しいホームページからダウンロードしたファイルは、絶対に開いてはいけません。ファイルを開くと、ウイルスに感染してしまうことがあります。

ホームページの内容をよく読む

ホームページの内容をよく読まずに次々とクリックしていると、料金を請求される可能性があります。有料の表示をわざと見えにくくして利用者に気付かせないようにしているものもあります。このような場合、見る側の不注意とみなされ高額な料金を支払うことになる場合もあります。ホ

2ページ目

ームページの内容はよく読み、むやみにクリックすることはやめましょう。

電源を切断する

インターネットに接続している時間が長くなると、外部から侵入される可能性が高くなります。パソコンを利用しないときは電源を切断するように心がけましょう。

2□加害者にならないために

インターネットを利用していて、最も怖いことは自分が加害者になってしまうことです。加害者にならないために、正しい知識を学びましょう。

ウイルス対策をする

ウイルスに感染しているファイルをEメールに添付して送ったり、ホームページに公開したりしてはいけません。知らなかったではすまされないので、ファイルをウイルスチェックするなどウイルス対策には万全を期しましょう。

個人情報を漏らさない

SNSやブログなどに他人の個人情報を書き込んではいけません。仲間うちの人しか見ていないから大丈夫！といった油断は禁物です。ホームページの内容は多くの人が見ていることを忘れてはいけません。

著作権に注意する

文章、写真、イラスト、音楽などのデータにはすべて「著作権」があります。自分で作成したホームページに、他人のホームページのデータを無断で転用したり、新聞や雑誌などの記事や写真を無断で転載したりすると、著作権の侵害になることがあります。

肖像権に注意する

自分で撮影した写真でも、その写真に写っている人に無断でホームページに掲載すると、「肖像権」の侵害になることがあります。写真を掲載する場合は、家族や親しい友人でも一言声をかけるようにしましょう。

HINT

- タイトル　：フォントサイズ「18」・太字
- スタイル（大項目）：名前「**大項目**」・網かけ「**黒、テキスト1**」
- スタイル（小項目）：名前「**小項目**」・太字・斜体

Advice

- 新しいスタイルを2つ作成し、大項目と小項目にそれぞれを設定します。

② 次のように、書式を変更しましょう。

1ページ目

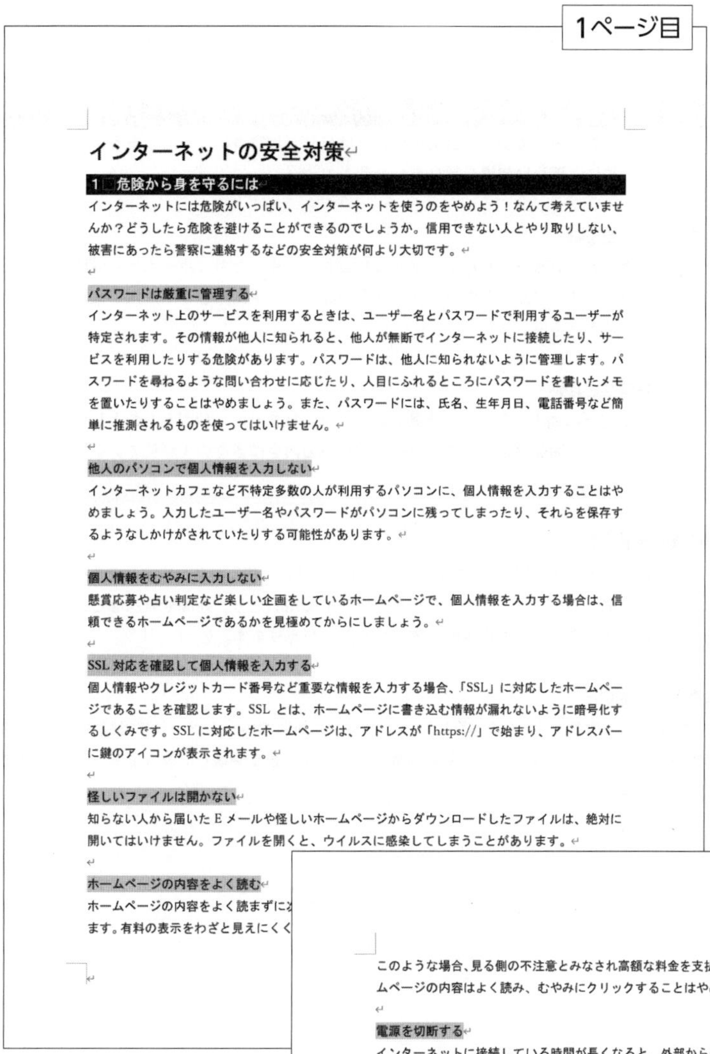

インターネットの安全対策

1　危険から身を守るには

インターネットには危険がいっぱい、インターネットを使うのをやめよう！なんて考えていませんか？どうしたら危険を避けることができるのでしょうか。信用できない人とやり取りしない、被害にあったら警察に連絡するなどの安全対策が何より大切です。

パスワードは厳重に管理する

インターネット上のサービスを利用するときは、ユーザー名とパスワードで利用するユーザーが特定されます。その情報が他人に知られると、他人が無断でインターネットに接続したり、サービスを利用したりする危険があります。パスワードは、他人に知られないように管理します。パスワードを尋ねるような問い合わせに応じたり、人目にふれるところにパスワードを書いたメモを置いたりすることはやめましょう。また、パスワードには、氏名、生年月日、電話番号など簡単に推測されるものを使ってはいけません。

他人のパソコンで個人情報を入力しない

インターネットカフェなど不特定多数の人が利用するパソコンに、個人情報を入力することはやめましょう。入力したユーザー名やパスワードがパソコンに残ってしまったり、それらを保存するようなしかけがされていたりする可能性があります。

個人情報をむやみに入力しない

懸賞応募や占い判定など楽しい企画をしているホームページで、個人情報を入力する場合は、信頼できるホームページであるかを見極めてからにしましょう。

SSL対応を確認して個人情報を入力する

個人情報やクレジットカード番号など重要な情報を入力する場合、「SSL」に対応したホームページであることを確認します。SSLとは、ホームページに書き込む情報が漏れないように暗号化するしくみです。SSLに対応したホームページは、アドレスが「https://」で始まり、アドレスバーに鍵のアイコンが表示されます。

怪しいファイルは開かない

知らない人から届いたEメールや怪しいホームページからダウンロードしたファイルは、絶対に開いてはいけません。ファイルを開くと、ウイルスに感染してしまうことがあります。

ホームページの内容をよく読む

ホームページの内容をよく読まずに
ます。有料の表示をわざと見えにくく

2ページ目

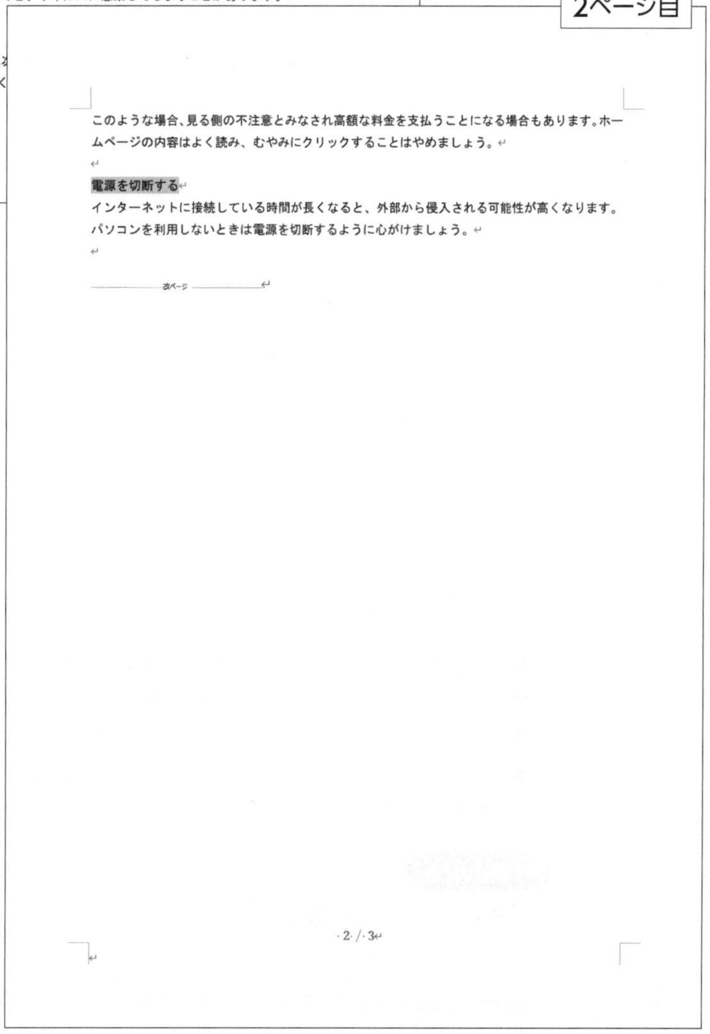

このような場合、見る側の不注意とみなされ高額な料金を支払うことになる場合もあります。ホームページの内容はよく読み、むやみにクリックすることはやめましょう。

電源を切断する

インターネットに接続している時間が長くなると、外部から侵入される可能性が高くなります。パソコンを利用しないときは電源を切断するように心がけましょう。

改ページ

2 / 3

3ページ目

2 加害者にならないために

インターネットを利用していて、最も怖いことは自分が加害者になってしまうことです。加害者にならないために、正しい知識を学びましょう。

ウイルス対策をする

ウイルスに感染しているファイルをEメールに添付して送ったり、ホームページに公開したりしてはいけません。知らなかったではすまされないので、ファイルをウイルスチェックするなどウイルス対策には万全を期しましょう。

個人情報を漏らさない

SNSやブログなどに他人の個人情報を書き込んではいけません。仲間うちの人しか見ていないから大丈夫！といった油断は禁物です。ホームページの内容は多くの人が見ていることを忘れてはいけません。

著作権に注意する

文章、写真、イラスト、音楽などのデータにはすべて「著作権」があります。自分で作成したホームページに、他人のホームページのデータを無断で転用したり、新聞や雑誌などの記事や写真を無断で転載したりすると、著作権の侵害になることがあります。

肖像権に注意する

自分で撮影した写真でも、その写真に写っている人に無断でホームページに掲載すると、「肖像権」の侵害になることがあります。写真を掲載する場合は、家族や親しい友人でも一言声をかけるようにしましょう。

3 / 3

HINT

- ●スタイル変更（大項目）：フォントサイズ**「12」**・太字
- ●スタイル変更（小項目）：斜体解除・網かけ**「オレンジ、アクセント2、白＋基本色60%」**
- ●オプション：禁則文字の設定**「高レベル」**
- ●ページ番号：ページの下部**「太字の番号2」**

Advice

- 長音や拗音が行頭に表示されないようにするには、禁則文字を設定します。

※文書に「Lesson21」と名前を付けて保存しましょう。
「Lesson31」、「Lesson44」で使います。

Word編

第3章

グラフィック機能を使って表現力をアップする

Officeのアップデートの状況によって、文字のサイズや文章の折り返し位置、行間隔などが完成図と同じ結果にならない場合があります。その場合は、FOM出版のホームページからダウンロードした完成版のファイルを開いて操作してください。

※P.4「5 学習ファイルについて」を参考に、使用するファイルをダウンロードしておきましょう。

難易度 ★★★

Lesson 22 インターネットに潜む危険

標準解答

OPEN

Lesson19

あなたは、インターネットに存在する危険をまとめた文書を作成しています。
次のように、画像を挿入し、文書を編集しましょう。

1ページ目

配布資料

インターネットに潜む危険

インターネットには危険が潜んでいる
インターネットはとても便利ですが、危険が潜んでいることを忘れてはいけません。世の中にお金をだまし取ろうとする人や他人を傷つけようとする人がいるように、インターネットの世界にも同じような悪い人がいるのです。インターネットには便利な面も多いですが、危険な面もあります。どのような危険が潜んでいるかを確認しましょう。

個人情報が盗まれる
オンラインショッピングのときに入力するクレジットカード番号などの個人情報が盗まれて、他人に悪用されてしまうことがあります。個人情報はきちんと管理しておかないと、身に覚えのない利用料金を請求されることになりかねません。

外部から攻撃される
インターネットで世界中の情報を見ることができるというのは、逆にいえば、世界のだれかが自分のパソコンに侵入する可能性があるということです。しっかりガードしておかないと、パソコンから大切な情報が漏れてしまったり、パソコン内の情報を壊すような攻撃をしかけられたりします。

改ページ

1

2ページ目

配布資料

ウイルスに感染する

「コンピューターウイルス」とは、パソコンの正常な動作を妨げるプログラムのことで、単に「ウイルス」ともいいます。ウイルスに感染すると、パソコンが起動しなくなったり、動作が遅くなったり、ファイルが壊れたりといった深刻な被害を引き起こすことがあります。

ウイルスの感染経路として次のようなことがあげられます。

①→ホームページを表示する

②→インターネットからダウンロードしたファイルを開く

③→Eメールに添付されているファイルを開く

④→USBメモリなどのメディアを利用する

ウイルスの種類

情報や人にだまされる

インターネット上の情報がすべて真実で善意に満ちたものとは限りません。内容が間違っていることもあるし、見る人をだまそうとしていることもあります。巧みに誘い込まれて、無料だと思い込んで利用したサービスが、実は有料だったということも少なくありません。

また、インターネットを通して新しい知り合いができるかもしれませんが、中には、悪意を持って近づいてくる人もいます。安易に誘いに乗ると、危険な目にあう可能性があります。

◆→フィッシング詐欺

「フィッシング詐欺」とは、パスワードなどの個人情報を搾取する目的で、送信者名を金融機関などの名称で偽装してEメールを送信し、Eメール本文から巧妙に作られたホームページへジャンプするように誘導する詐欺です。誘導したホームページに暗証番号やクレジットカード番号を入力させて、それを不正に利用します。

◆→ワンクリック詐欺

「ワンクリック詐欺」とは、画像や文字をクリックしただけで利用料金などを請求するような詐欺のことです。ホームページに問い合わせ先やキャンセル時の連絡先などが表示されていることもありますが、絶対に自分から連絡をしてはいけません。

【事例】□受信したEメールに記載されているアドレスをクリックしてホームページを表示したところ、「会員登録が完了したので入会金をお支払いください。」と一方的に請求された。

2

HINT

●画像：**「インターネット」**・文字列の折り返し**「前面」**

Advice

- 画像**「インターネット」**はダウンロードしたフォルダー**「Word2021＆Excel2021演習問題集」**のフォルダー**「Word編」**のフォルダー**「画像」**のフォルダー**「Lesson22」**の中に収録されています。**《ドキュメント》**→**「Word2021＆Excel2021演習問題集」**→**「Word編」**→**「画像」**→**「Lesson22」**から挿入してください。
- 画像の位置を調整するには**「配置ガイド」**を利用すると効率的です。

※文書に「Lesson22」と名前を付けて保存しましょう。
「Lesson34」で使います。

難易度 ★★★

Lesson 23 連絡網

標準解答

OPEN

新しい文書

あなたは、小学生のミニバスケットボールチームを運営しており、連絡網を作成することになりました。
次のように、画像やワードアート、SmartArtグラフィックを挿入し、文書を作成しましょう。

HINT

●ページ設定　　　　　　：余白**「やや狭い」**
●ヘッダーとフッターの画像：**「街」**・中央揃え
●ワードアート　　　　　：スタイル**「塗りつぶし：青、アクセントカラー1：影」**・フォント**「MSPゴシック」**・フォントサイズ**「48」**・太字・文字列の折り返し**「行内」**
●SmartArtグラフィック　：**「階層」**・色**「カラフル-アクセント4から5」**・スタイル**「凹凸」**・フォント**「MSゴシック」**・太字

Advice

- 画像**「街」**はダウンロードしたフォルダー**「Word2021＆Excel2021演習問題集」**のフォルダー**「Word編」**のフォルダー**「画像」**のフォルダー**「Lesson23」**の中に収録されています。**《ドキュメント》**→**「Word2021＆Excel2021演習問題集」**→**「Word編」**→**「画像」**→**「Lesson23」**から挿入してください。
- SmartArtグラフィックを挿入する前に、Enterを押して空白行を挿入しておきます。
- SmartArtグラフィック内の図形を削除する場合は、削除する図形を選択し、Deleteを押します。
- SmartArtグラフィックに文字を入力するには、テキストウィンドウを利用すると効率的です。
- SmartArtグラフィック内で改行するには、Shiftを押しながらEnterを押します。

※文書に「Lesson23」と名前を付けて保存しましょう。

Lesson 24 メンバー募集

難易度 ★★★

標準解答

OPEN

Lesson17

あなたは、小学生のミニバスケットボールチームを運営しており、メンバー募集のチラシを作成しています。
次のように、ワードアートや図形、アイコンを挿入し、文書を編集しましょう。

「ミニバスケットボールってどんなスポーツ？」「どんなことをしているのかな？」
「ちょっとやってみたいな」と思っている人は、公開練習に参加してみよう！

●公開練習

日にち→時間 → 場所
5月12日(日)→9:00～12:00→かえで東小体育館
5月19日(日)→〃 → 〃
5月26日(日)→〃 → 〃

●練習内容

●その他の活動

合宿(8月)・スキー(2月)などに

HINT

- ●ワードアート（上）：スタイル「**塗りつぶし：濃い青、アクセントカラー1；影**」・文字の効果「**3-D回転**」「**不等角投影1：右**」・文字列の折り返し「**四角形**」
- ●ワードアート（下）：スタイル「**塗りつぶし：オレンジ、アクセントカラー5；輪郭：白、背景色1；影（ぼかしなし）：オレンジ、アクセントカラー5**」・フォントサイズ「**54**」・文字の効果「**影**」「**オフセット：右下**」・文字列の折り返し「**上下**」
- ●図形：「**爆発：8pt**」・フォントサイズ「**20**」・スタイル「**グラデーション-濃い緑、アクセント4**」・図形の枠線「**スケッチの曲線**」・文字列の折り返し「**背面**」
- ●アイコン：「**学校**」で検索されるアイコン・文字列の折り返し「**四角形**」・塗りつぶし「**オレンジ、アクセント5、黒+基本色25%**」

Advice

- アイコンは定期的に更新されているため、完成図と同じアイコンが表示されない場合があります。その場合は、任意のアイコンを選択してください。

※文書に「Lesson24」と名前を付けて保存しましょう。
「Lesson26」で使います。

Lesson 25 教育方針

難易度 ★☆☆

標準解答

OPEN

Lesson16

あなたは、高校の庶務課に所属しており、体験入学の案内を作成するために教育方針をまとめています。
次のように、SmartArtグラフィックを挿入し、文書を編集しましょう。

HINT

- SmartArtグラフィック：**「基本放射」**・スタイル**「立体グラデーション」**
- 中央の円の文字：太字
- その他の円の文字：フォント**「MSゴシック」**・フォントサイズ**「28」**・太字

※文書に「Lesson25」と名前を付けて保存しましょう。
「Lesson30」で使います。

Lesson 26

難易度 ★★★

メンバー募集

標準解答

OPEN

Lesson24

あなたは、小学生のミニバスケットボールチームを運営しており、メンバー募集のチラシを作成しています。
次のように、SmartArtグラフィックを挿入し、文書を編集しましょう。

「ミニバスケットボールってどんなスポーツ？」「どんなことをしているのかな？」
「ちょっとやってみたいな」と思っている人は、公開練習に参加してみよう！

●公開練習

日にち→時間→場所
5月12日（日）→9:00～12:00かえで東小体育館
5月19日（日）→〃→〃
5月26日（日）→〃→〃

●練習内容

●その他の活動

合宿（8月）、スキー（2月）□など

かえで東小ミニバス代表者：赤川（あかがわ）さつき
（電話□090－XXXX－XXXX）

HINT

●SmartArtグラフィック：**「自動配置の表題付き画像リスト」**・フォント**「MSPゴシック」**・フォントサイズ**「18」**・色**「塗りつぶし-アクセント4」**・スタイル**「光沢」**
●SmartArtグラフィック内の画像：左**「バスケットボール」**、中央**「ゴール」**、右**「ゲーム」**

Advice

- 画像**「バスケットボール」「ゴール」「ゲーム」**は、ダウンロードしたフォルダー**「Word2021＆Excel2021演習問題集」**のフォルダー**「Word編」**のフォルダー**「画像」**のフォルダー**「Lesson26」**の中に収録されています。**《ドキュメント》**→**「Word2021＆Excel2021演習問題集」**→**「Word編」**→**「画像」**→**「Lesson26」**から挿入してください。

※文書に「Lesson26」と名前を付けて保存しましょう。
「Lesson35」で使います。

Lesson 27

難易度 ★☆☆

招待状

標準解答

OPEN
Lesson3

あなたは、小学生の「2分の1成人式」の招待状を作成しています。
次のように、ワードアートや図形、画像を挿入し、文書を編集しましょう。

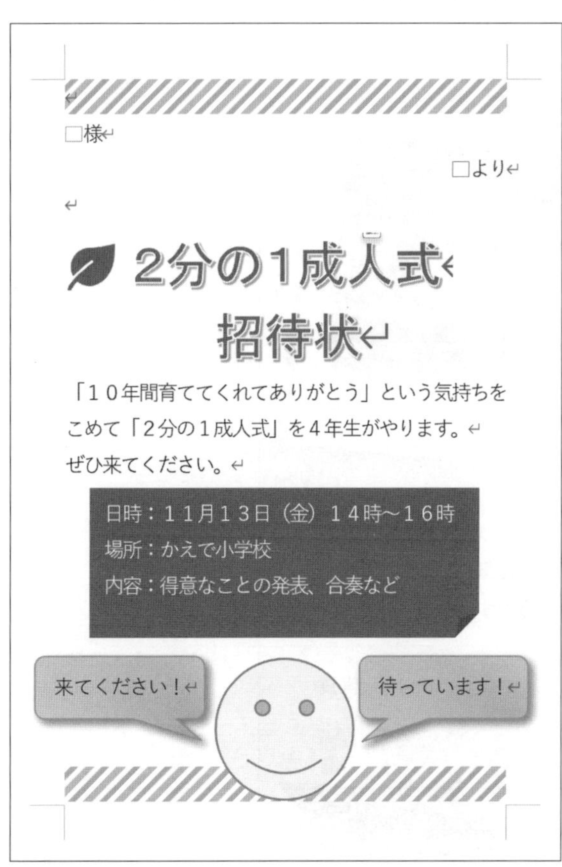

HINT

●テーマ	：**「インテグラル」**
●ワードアート	：スタイル**「塗りつぶし：濃い緑、アクセントカラー5；輪郭：白、背景色1；影（ぼかしなし）：濃い緑、アクセントカラー5」**・フォント**「MSPゴシック」**・フォントサイズ**「26」**・文字列の折り返し**「上下」**
●図形（メモ）	：**「四角形：メモ」**・スタイル**「塗りつぶし-濃い緑、アクセント5、アウトラインなし」**
●図形（スマイル）	：**「スマイル」**・スタイル**「枠線のみ-青緑、アクセント6」**・塗りつぶし**「黄」**
●図形（吹き出し）	：**「吹き出し：角を丸めた四角形」**・スタイル**「パステル-緑、アクセント4」**・図形の効果**「影」「オフセット：右下」**
●画像	：**「飾り罫線」**・文字列の折り返し**「背面」**
●アイコン	：**「葉」**で検索されるアイコン・**「塗りつぶし-アクセント5、枠線なし」**・文字列の折り返し**「前面」**

Advice

- ワードアートや画像、図形などの位置を調整するには**「配置ガイド」**を利用すると効率的です。
- 画像**「飾り罫線」**は、ダウンロードしたフォルダー**「Word2021&Excel2021演習問題集」**のフォルダー**「Word編」**のフォルダー**「画像」**のフォルダー**「Lesson27」**の中に収録されています。**《ドキュメント》**→**「Word2021&Excel2021演習問題集」**→**「Word編」**→**「画像」**→**「Lesson27」**から挿入してください。
- アイコンは定期的に更新されているため、完成図と同じアイコンが表示されない場合があります。その場合は、任意のアイコンを選択してください。

※文書に「Lesson27」と名前を付けて保存しましょう。
「Lesson40」で使います。

難易度 ★★★

Lesson28 暑中見舞いはがき

標準解答

OPEN

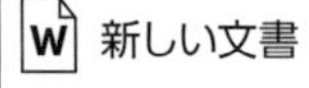

新しい文書

あなたは、暑中見舞いのはがきを作成することになりました。
次のように、画像やワードアート、テキストボックスを挿入し、文書を作成しましょう。

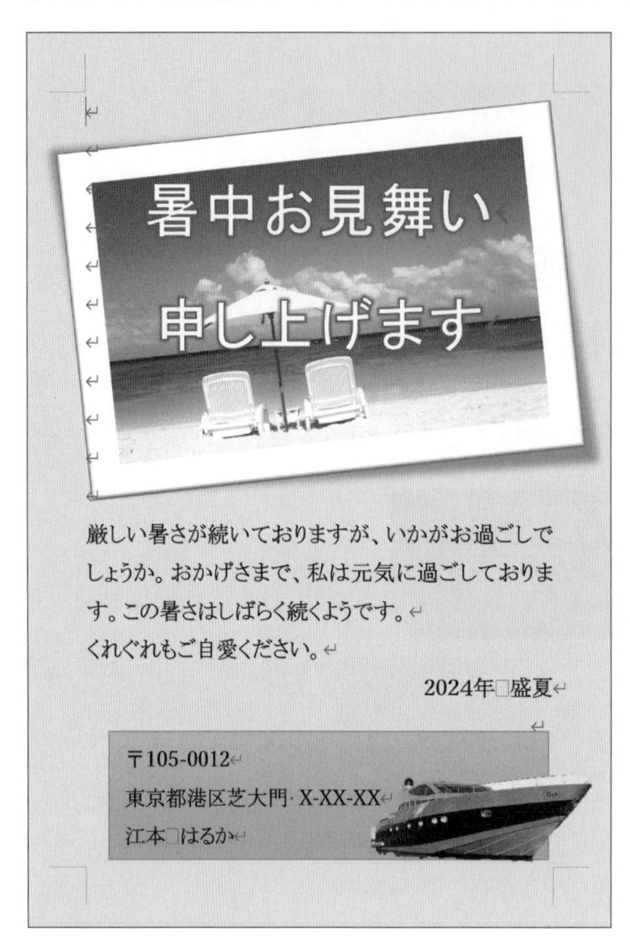

HINT

- ページ設定　：用紙サイズ「**はがき**」・余白「**上下左右10mm**」・日本語用のフォント「**MSP明朝**」・太字
- ページの色　：「**青、アクセント5、白＋基本色80%**」
- 画像（上）　：「**海**」、スタイル「**回転、白**」・文字列の折り返し「**背面**」
- ワードアート　：スタイル「**塗りつぶし：白；輪郭：青、アクセントカラー1；光彩：青、アクセントカラー1**」・フォント「**MSPゴシック**」・フォントサイズ「**28**」
- テキストボックス：横書き・塗りつぶし「**パステル-オレンジ、アクセント2**」・フォントサイズ「**10**」
- 画像（下）　：「**船**」、文字列の折り返し「**前面**」

Advice

- 画像「**海**」と「**船**」は、ダウンロードしたフォルダー「**Word2021＆Excel2021演習問題集**」のフォルダー「**Word編**」のフォルダー「**画像**」のフォルダー「**Lesson28**」の中に収録されています。《**ドキュメント**》→「**Word2021＆Excel2021演習問題集**」→「**Word編**」→「**画像**」→「**Lesson28**」から挿入してください。
- 画像の背景の削除範囲を調整する場合は、《**背景の削除**》タブを使います。

※文書に「Lesson28」と名前を付けて保存しましょう。

Lesson 29

難易度 ★★★

体験入学の案内

標準解答

OPEN

Lesson20

あなたは、高校の庶務課に所属しており、体験入学の案内を作成しています。
次のように、画像を挿入し、文書を編集しましょう。

桔梗高等学校体験入学のご案内

桔梗高等学校では毎年体験入学を開催しています。
授業やカフェテリアでの昼食、部活動など、桔梗高等学校での高校生活を一日体験してみませんか。

■対象者：中学2、3年生

■日時
①→2024年10月19日（土）9:30～14:00
②→2024年10月26日（土）9:30～14:00
※どちらの日も内容は同じです。

■当日のスケジュール
①→9:00～9:30□受付
②→9:30～9:45□オリエンテーション
③→9:45～10:15□校内見学
④→10:15～12:00□授業体験
⑤→12:00～13:00□昼食□※カフェテリアをご利用いただけます。
⑥→13:00～14:00□部活動体験

■コース
①→普通科
②→情報科
③→体育科

■その他
服□装：中学校の制服
持ち物：筆記用具、上履き、体操着（体育科コース希望者・運動部体験希望者）

■お申し込み方法および期限
10月11日（金）までに桔梗高等学校庶務課へお申し込みください。

■お問い合わせ先
学校法人□桔梗高等学校□庶務課□045-XXX-XXXX

KIKYOUHIGHSCHOOL

HINT

●画像（上）：**「学校」**・文字列の折り返し**「四角形」**
●画像（下）：**「先生」**・文字列の折り返し**「四角形」**
●透かし　：テキスト**「KIKYOUHIGHSCHOOL」**・フォント**「MSPゴシック」**・
フォントの色**「青、アクセント1、白＋基本色40%」**

Advice

- 画像**「学校」**と**「先生」**は、ダウンロードしたフォルダー**「Word2021＆Excel2021演習問題集」**のフォルダー**「Word編」**のフォルダー**「画像」**のフォルダー**「Lesson29」**の中に収録されています。**《ドキュメント》**→**「Word2021＆Excel2021演習問題集」**→**「Word編」**→**「画像」**→**「Lesson29」**から挿入してください。
- 透かしを設定する場合は、**《デザイン》**タブ→**《ページの背景》**グループの（透かし）を使います。

※文書に「Lesson29」と名前を付けて保存しましょう。
「Lesson32」で使います。

段組みを使って レイアウトを整える

Officeのアップデートの状況によって、文字のサイズや文章の折り返し位置、行間隔などが完成図と同じ結果にならない場合があります。その場合は、FOM出版のホームページからダウンロードした完成版のファイルを開いて操作してください。

※P.4「5 学習ファイルについて」を参考に、使用するファイルをダウンロードしておきましょう。

難易度 ★★★

教育方針

標準解答

OPEN

Lesson25

あなたは、高校の庶務課に所属しており、体験入学の案内を作成するために教育方針をまとめています。
次のように、文書のレイアウトを整えましょう。

HINT

●段組み：間隔「**3字**」

Advice

- 段と段の間隔を設定する場合は、**《段組み》**ダイアログボックスを使います。

※文書に「Lesson30」と名前を付けて保存しましょう。
「Lesson32」で使います。

難易度 ★☆☆

インターネットの安全対策

標準解答

OPEN
Lesson21

あなたは、インターネットを利用する際の安全対策をまとめた文書を作成しています。次のように、文書のレイアウトを整えましょう。

1ページ目

インターネットの安全対策

1 危険から身を守るには

インターネットには危険がいっぱい、インターネットを使うのをやめよう！なんて考えていませんか？どうしたら危険を避けることができるのでしょうか。信用できない人とやり取りしない、被害にあったら警察に連絡するなどの安全対策が何より大切です。

セクション区切り（現在の位置から新しいセクション）

パスワードは厳重に管理する

インターネット上のサービスを利用するときは、ユーザー名とパスワードで利用するユーザーが特定されます。その情報が他人に知られると、他人が無断でインターネットに接続したり、サービスを利用したりする危険があります。パスワードは、他人に知られないように管理します。パスワードを尋ねるような問い合わせに応じたり、人目にふれるところにパスワードを書いたメモを置いたりすることはやめましょう。また、パスワードには、氏名、生年月日、電話番号など簡単に推測されるものを使ってはいけません。

他人のパソコンで個人情報を入力しない

インターネットカフェなど不特定多数の人が利用するパソコンに、個人情報を入力することはやめましょう。入力したユーザー名やパスワードがパソコンに残ってしまったり、それらを保存するようなしかけがされていたりする可能性があります。

個人情報をむやみに入力しない

懸賞応募や占い判定など楽しい企画をしているホームページで、個人情報を入力する場合は、信頼できるホームページであるかを見極めてからにしましょう。

段区切り

SSL対応を確認して個人情報を入力する

個人情報やクレジットカード番号など重要な情報を入力する場合、「SSL」に対応したホームページであることを確認します。SSLとは、ホームページに書き込む情報が漏れないように暗号化するしくみです。SSLに対応したホームページは、アドレスが「https://」で始まり、アドレスバーに鍵のアイコンが表示されます。

怪しいファイルは開かない

知らない人から届いたEメールや怪しいホームページからダウンロードしたファイルは、絶対に開いてはいけません。ファイルを開くと、ウイルスに感染してしまうことがあります。

ホームページの内容をよく読む

ホームページの内容をよく読まずに次々とクリックしていると、料金を請求される可能性があります。有料の表示をわざと見えにくくして利用者に気付かせないようにしているものもあります。このような場合、見る側の不注意とみなされ高額な料金を支払うことになる場合もあります。ホームページの内容はよく読み、むやみにクリックすることはやめましょう。

電源を切断する

インターネットに接続している時間が長くなると、外部から侵入される可能性が高くなります。パソコンを利用しないときは電源を切断するように心がけましょう。

1 / 2

2ページ目

2 加害者にならないために

インターネットを利用していて、最も怖いことは自分が加害者になってしまうことです。加害者にならないために、正しい知識を学びましょう。

セクション区切り（現在の位置から新しいセクション）

ウイルス対策をする

ウイルスに感染しているファイルを E メールに添付して送ったり、ホームページに公開したりしてはいけません。知らなかったではすまされないので、ファイルをウイルスチェックするなどウイルス対策には万全を期しましょう。

個人情報を漏らさない

SNS やブログなどに他人の個人情報を書き込んではいけません。仲間うちの人しか見ていないから大丈夫！といった油断は禁物です。ホームページの内容は多くの人が見ていることを忘れてはいけません。

著作権に注意する

文章、写真、イラスト、音楽などのデータにはすべて「著作権」があります。自分で作成したホームページに、他人のホームページのデータを無断で転用したり、新聞や雑誌などの記事や写真を無断で転載したりすると、著作権の侵害になることがあります。

肖像権に注意する

自分で撮影した写真でも、その写真に写っている人に無断でホームページに掲載すると、「肖像権」の侵害になることがあります。写真を掲載する場合は、家族や親しい友人でも一言声をかけるようにしましょう。

2 / 2

Advice

- 段と段の間に境界線を引く場合は、**《段組み》**ダイアログボックスを使います。
- 必要がないページは削除します。

※文書に「Lesson31」と名前を付けて保存しましょう。

Lesson 32 難易度 ★★★

体験入学の案内

標準解答

OPEN Lesson29

あなたは、高校の庶務課に所属しており、体験入学の案内を作成しています。
次のように、文書のレイアウトを整えましょう。

1ページ目

桔梗高等学校体験入学のご案内

桔梗高等学校では毎年体験入学を開催しています。
授業やカフェテリアでの昼食、部活動など、桔梗高等学校での高校生活を一日体験してみませんか。

■対象者：中学2、3年生

■日時
①→2024年10月19日（土）9:30~14:00
②→2024年10月26日（土）9:30~14:00
※どちらの日も内容は同じです。

■当日のスケジュール
①→9:00~9:30□受付
②→9:30~9:45□オリエンテーション
③→9:45~10:15□校内見学
④→10:15~12:00□授業体験
⑤→12:00~13:00□昼食□※カフェテリアをご利用いただけます。
⑥→13:00~14:00□部活動体験

■コース
①→普通科
②→情報科
③→体育科

■その他
服□装：中学校の制服
持ち物：筆記用具、上履き、体操着（体育科コース希望者・運動部体験希望者）

■お申し込み方法および期限
10月11日（金）までに桔梗高等学校庶務課へお申し込みください。

■お問い合わせ先
学校法人□桔梗高等学校□庶務課□045-XXX-XXXX

KIKYOUHIGHSCHOOL

2ページ目

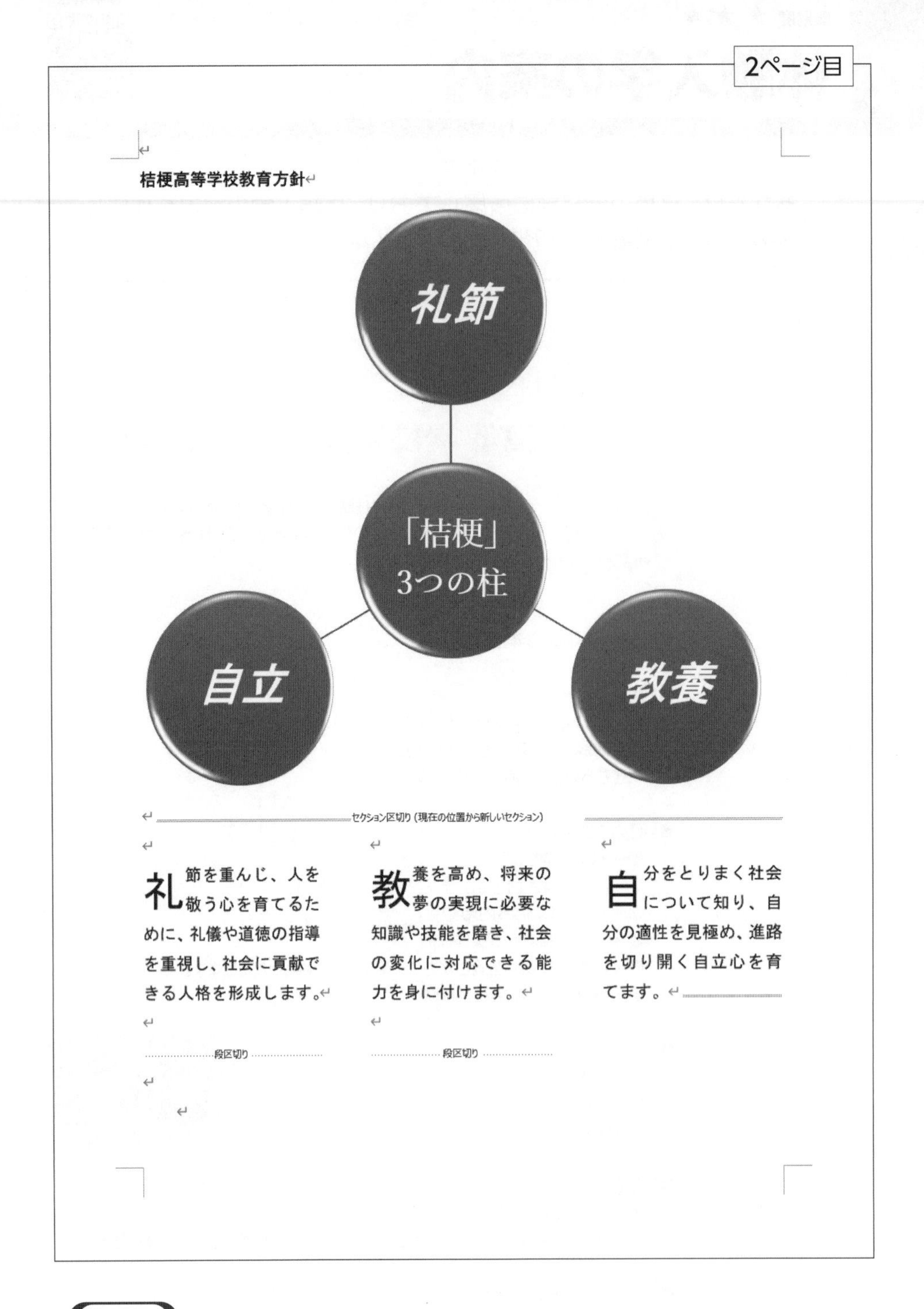

HINT

- ●ファイルの挿入　　　　　：Lesson30（教育方針）
- ●2ページ目のページ設定：用紙サイズ**「B5」**・余白**「上下左右20mm」**

Advice

- 文末にカーソルを移動するには、Ctrl を押しながら End を押すと効率的です。
- 文末で改ページして2ページ目にファイルを挿入します。改ページは、ページごとに異なる書式が設定できる種類のものにします。
- 2ページ目はもとのファイル**「Lesson30」**と同じページ設定に変更します。
- 2ページ目の透かしだけを削除する場合は、透かしを選択して Delete を押します。

※文書に「Lesson32」と名前を付けて保存しましょう。
「Lesson37」で使います。

Word編

第5章

表を使って
データを見やすくする

Officeのアップデートの状況によって、文字のサイズや文章の折り返し位置、行間隔などが完成図と同じ結果にならない場合があります。その場合は、FOM出版のホームページからダウンロードした完成版のファイルを開いて操作してください。

※P.4「5 学習ファイルについて」を参考に、使用するファイルをダウンロードしておきましょう。

第5章

Lesson 33

難易度 ★☆☆

取引先リスト

標準解答

OPEN

新しい文書

あなたは、会社の記念パーティーの案内状を送付するために、取引先リストを作成することになりました。

① 次のように、表を作成しましょう。

会社名	部署名	氏名	郵便番号	住所	電話番号
株式会社古山電気工業	営業部	古山□智也	160-0023	東京都新宿区西新宿 1-1-XX	03-XXXX-XXXX
株式会社ハッピネスフーズ	販売部	柳田□洋介	102-0072	東京都千代田区飯田橋 2-2-XX	03-XXXX-XXXX
株式会社ヘルシー	営業部	辻村□良太	105-0022	東京都港区海岸 1-2-XX	03-XXXX-XXXX
ブレッド・パリス株式会社	販売促進部	田辺□千佳	164-0001	東京都中野区中野 1-3-XX	03-XXXX-XXXX
味宅配のアリス株式会社	企画部	栗原□茂雄	231-0023	神奈川県横浜市中区山下町 2XX-X	045-XXX-XXXX
スイーツ株式会社	営業促進部	大原□華子	231-0861	神奈川県横浜市中区元町 2-X	045-XXX-XXXX
かえで百貨店株式会社	営業部	保科□栄一	338-0003	埼玉県さいたま市中央区本町東 3-X-XX	048-XXX-XXXX
株式会社たくみ	販売企画部	田原□武人	260-0013	千葉県千葉市中央区中央 4-XX	043-XXX-XXXX

HINT

●ページ設定：印刷の向き**「横」**・余白**「左右15mm」**

Advice

•郵便番号を入力して［　　　］（スペース）を押すと、住所に変換できます。

② 次のように、表を修正し、書式を設定しましょう。

会社名	部署名	氏名	郵便番号	住所	ビル名	電話番号
株式会社古山電気産業	営業部	古山□智也	160-0023	東京都新宿区西新宿 1-1-XX	新宿タワー	03-XXXX-XXXX
株式会社ハッピネスフーズ	販売部	柳田□洋介	102-0072	東京都千代田区飯田橋 2-2-XX		03-XXXX-XXXX
株式会社ヘルシー	営業部	辻村□良太	105-0022	東京都港区海岸 1-2-XX	海岸南ビル	03-XXXX-XXXX
ブレッド・パリス株式会社	販売促進部	田辺□千佳	164-0001	東京都中野区中野 1-3-XX	中野ベーヌ	03-XXXX-XXXX
味宅配のアリス株式会社	企画部	栗原□茂雄	231-0023	神奈川県横浜市中区山下町 2XX-X		045-XXX-XXXX
スイーツ株式会社	営業推進部	大原□華子	231-0861	神奈川県横浜市中区元町 2-XX		045-XXX-XXXX
株式会社たくみ	販売企画部	田原□武人	260-0013	千葉県千葉市中央区中央 4-XX		043-XXX-XXXX

HINT

●表の1行目：フォント**「MSゴシック」**・太字・塗りつぶし**「緑、アクセント6、白＋基本色40%」**

※文書に「Lesson33」と名前を付けて保存しましょう。
「Lesson39」、「Lesson41」、「Lesson42」で使います。

Lesson 34

難易度 ★☆☆

インターネットに潜む危険

標準解答

OPEN

Lesson22

あなたは、インターネットに存在する危険をまとめた文書を作成しています。
次のように、表を作成しましょう。

1ページ目

配布資料

インターネットに潜む危険

インターネットには危険が潜んでいる
インターネットはとても便利ですが、危険が潜んでいることを忘れてはいけません。世の中にお金をだまし取ろうとする人や他人を傷つけようとする人がいるように、インターネットの世界にも同じような悪い人がいるのです。インターネットには便利な面も多いですが、危険な面もあります。どのような危険が潜んでいるかを確認しましょう。

個人情報が盗まれる
オンラインショッピングのときに入力するクレジットカード番号などの個人情報が盗まれて、他人に悪用されてしまうことがあります。個人情報はきちんと管理しておかないと、身に覚えのない利用料金を請求されることになりかねません。

外部から攻撃される
インターネットで世界中の情報を見ることができるというのは、逆にいえば、世界のだれかが自分のパソコンに侵入する可能性があるということです。しっかりガードしておかないと、パソコンから大切な情報が漏れてしまったり、パソコン内の情報を壊すような攻撃をしかけられたりします。

改ページ

1

Word
1
2
3
4
5
6
7
総合
Excel
1
2
3
4
5
6
7
8
9
総合
連携

2ページ目

配布資料

ウイルスに感染する

「コンピューターウイルス」とは、パソコンの正常な動作を妨げるプログラムのことで、単に「ウイルス」ともいいます。ウイルスに感染すると、パソコンが起動しなくなったり、動作が遅くなったり、ファイルが壊れたりといった深刻な被害を引き起こすことがあります。

ウイルスの感染経路として次のようなことがあげられます。

①→ホームページを表示する

②→インターネットからダウンロードしたファイルを開く

③→E メールに添付されているファイルを開く

④→USB メモリなどのメディアを利用する

ウイルスの種類

ウイルスには、次のような種類があります。

種類	症状
ファイル感染型ウイルス	実行ファイルに感染して制御を奪い、感染・増殖するウイルス。
トロイの木馬型ウイルス	無害を装って利用者にインストールさせ、利用者が実行するとデータを盗んだり、削除したりするウイルス。感染・増殖はしないので、厳密にはウイルスとは区別されている。
ワーム型ウイルス	ネットワークを通じてほかのコンピューターに伝染するウイルス。ほかのプログラムには寄生せずに増殖する。
ボット型ウイルス	コンピューターを悪用することを目的に作られたウイルス。感染すると外部からコンピューターを勝手に操られてしまう。
マクロウイルス	ワープロソフトや表計算ソフトなどに搭載されているマクロ機能を悪用したウイルス。
スパイウェア	コンピューターの利用者に知られないように内部に潜伏し、ネットワークを通じてデータを外部に送信する。厳密にはウイルスとは区別され、マルウェアのひとつとされている。

改ページ

2

3ページ目

配布資料↵

情報や人にだまされる↵
インターネット上の情報がすべて真実で善意に満ちたものとは限りません。内容が間違っていることもあるし、見る人をだまそうとしていることもあります。巧みに誘い込まれて、無料だと思い込んで利用したサービスが、実は有料だったということも少なくありません。↵
また、インターネットを通して新しい知り合いができるかもしれませんが、中には、悪意を持って近づいてくる人もいます。安易に誘いに乗ると、危険な目にあう可能性があります。↵
↵
◆→フィッシング詐欺↓
「フィッシング詐欺」とは、パスワードなどの個人情報を搾取する目的で、送信者名を金融機関などの名称で偽装してEメールを送信し、Eメール本文から巧妙に作られたホームページへジャンプするように誘導する詐欺です。誘導したホームページに暗証番号やクレジットカード番号を入力させて、それを不正に利用します。↵
↵
◆→ワンクリック詐欺↓
「ワンクリック詐欺」とは、画像や文字をクリックしただけで利用料金などを請求するような詐欺のことです。ホームページに問い合わせ先やキャンセル時の連絡先などが表示されていることもありますが、絶対に自分から連絡をしてはいけません。↵

【事例】□受信したEメールに記載されているアドレスをクリックしてホームページを表示したところ、「会員登録が完了したので入会金をお支払いください。」と一方的に請求された。↵

↵

3↵
↵

HINT
●表：スタイル「グリッド（表）4-アクセント5」・フォント「MSゴシック」

※文書に「Lesson34」と名前を付けて保存しましょう。
「Lesson44」で使います。

W 第5章

Lesson 35

難易度 ★★★

メンバー募集

標準解答

OPEN

Lesson26

あなたは、小学生のミニバスケットボールチームを運営しており、メンバー募集のチラシを作成しています。
次のように、表を作成しましょう。

「ミニバスケットボールってどんなスポーツ？」「どんなことをしているのかな？」
「ちょっとやってみたいな」と思っている人は、公開練習に参加してみよう！

●公開練習

日にち	時間	場所
5月12日（日）	9:00～12:00	かえで東小体育館
5月19日（日）	〃	〃
5月26日（日）	〃	〃

●練習内容

●その他の活動

合宿（8月）、スキー（2月）□など

かえで東小ミニバス代表者：赤川（あかがわ）さつき

（電話□090－XXXX－XXXX）

HINT

●ページ罫線：色**「オレンジ」**・線の太さ**「12pt」**
●表の1行目 ：塗りつぶし**「オレンジ、アクセント5」**・フォントの色**「白、背景1」**

Advice

- ページ罫線の絵柄の色や大きさは、**《線種とページ罫線と網かけの設定》**ダイアログボックスの**《色》**や**《線の太さ》**で設定します。
- → (タブ)を使って入力されている文字を表に変換します。

※文書に「Lesson35」と名前を付けて保存しましょう。

難易度 ★★★

Lesson36 売上報告

標準解答

OPEN
Lesson12

あなたは、営業部に所属しており、スプリングフェアの売上をまとめた文書を作成しています。
次のように、表を作成しましょう。

2024年5月20日

関係者各位

営業部長

スプリングフェア料理関連書籍売上について

スプリングフェア期間中の料理関連書籍の売上について、次のとおりご報告いたします。

●料理関連書籍売上

料理関連書籍の売上ベスト5は、次のとおりです。

書籍名	定価（税別）	販売数	合計（税別）
1. お財布にも体にも優しいランチをあなたに	1,800	1,412	2,541,600
2. 男のクッキング大全集	1,800	1,267	2,280,600
3. 有機野菜を育てる	900	805	724,500
4. おうち居酒屋おつまみレシピ200	1,000	548	548,000
5. 簡単！おいしい！グリル100%活用術	1,000	417	417,000
総合計		4,449	¥6,511,700

以上

担当：河野

HINT

- ●段落番号
- ●表の1行目、7行1列目：フォント**「MSPゴシック」**・フォントサイズ**「11」**・塗りつぶし**「青、アクセント5、白+基本色60%」**
- ●表の7行3～4列目：フォント**「MSPゴシック」**・フォントサイズ**「11」**
- ●計算式：表示形式**「#,##0」**
- ●計算式（合計（税別）の総合計）：表示形式**「¥#,##0;(¥#,##0)」**

Advice

- 表の数値は**「,（カンマ）」**も入力します。
- 表のセルに計算式を作成して、セルに入力されている数値を対象に計算できます。
  計算式を作成する場合は、**《計算式》**ダイアログボックスを使います。
  表内のセルの位置は、**「列を表すアルファベット」**と**「行を表す番号」**で管理されています。例えば、1列目の1行目はセル番地**【A1】**といい、**「=A1+B1」**のように計算式を立てます。

	1列目	2列目	3列目	4列目	
1行目	A1	B1	C1	D1	1
2行目	A2	B2	C2	D2	2
3行目	A3	B3	C3	D3	3
4行目	A4	B4	C4	D4	4
	A	B	C	D	

行を表す番号

列を表すアルファベット

- 各書籍の売上合計は、書籍の**「定価（税別）×販売数」**で求めます。計算式を作成する場合、「×」の替わりに**「*（アスタリスク）」**を使って、**「=定価（税別）*販売数」**と入力します。
- 販売数や合計（税別）の総合計を求めるには、**「SUM関数」**を使うと効率的です。SUM関数は、指定した範囲の数値を合計する関数です。合計する数値の範囲を指定するには、**「ABOVE（上）」「BELOW（下）」「LEFT（左）」「RIGHT（右）」**を使います。

※文書に「Lesson36」と名前を付けて保存しましょう。

Lesson 37

難易度 ★★★

体験入学の案内

標準解答

あなたは、高校の庶務課に所属しており、体験入学の案内を作成しています。
次のように、表を作成しましょう。

1ページ目

桔梗高等学校体験入学のご案内

桔梗高等学校では毎年体験入学を開催しています。
授業やカフェテリアでの昼食、部活動など、桔梗高等学校での高校生活を一日体験してみませんか。

■対象者：中学2、3年生

■日時
①→2024年10月19日（土）9:30～14:00
②→2024年10月26日（土）9:30～14:00
※どちらの日も内容は同じです。

■当日のスケジュール

9:00～9:30	受付
9:30～9:45	オリエンテーション
9:45～10:15	校内見学
10:15～12:00	授業体験
12:00～13:00	昼食□※カフェテリアをご利用いただけます。
13:00～14:00	部活動体験

■コース
①→普通科
②→情報科
③→体育科

■その他
服□装：中学校の制服
持ち物：筆記用具、上履き、体操着（体育科コース希望者・運動部体験希望者）

■お申し込み方法および期限
10月11日（金）までに桔梗高等学校庶務課へお申し込みください。

■お問い合わせ先
学校法人□桔梗高等学校□庶務課□045-XXX-XXXX

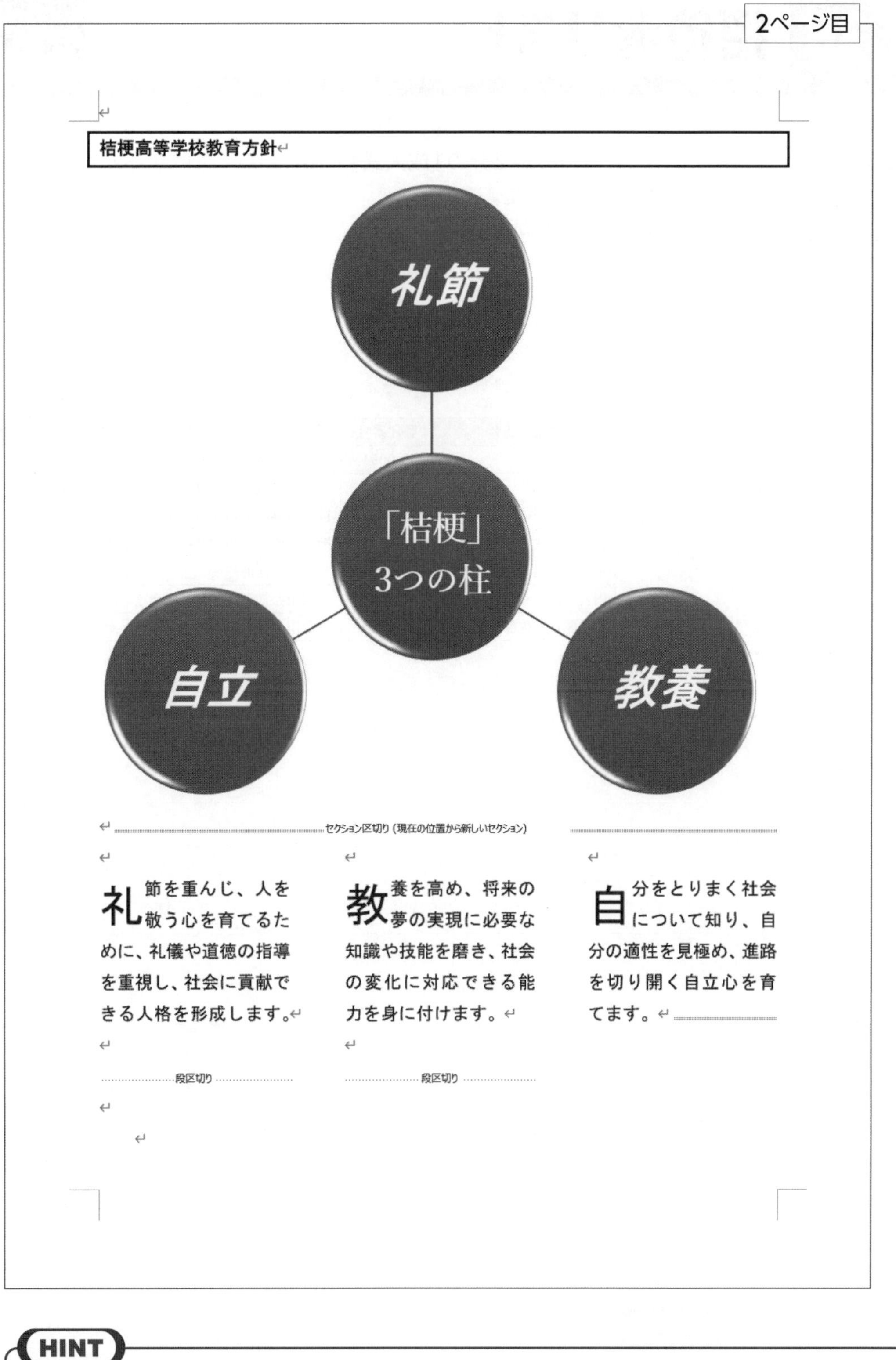

HINT

●段落罫線：線の太さ「1.5pt」

Advice

- ページ罫線は、1ページ目だけに表示されるように設定します。
- 入力された文字をもとに表を作成します。表を作成する前に、時間の後ろの空白を➡（タブ）に置き換えて、段落番号を解除します。

※文書に「Lesson37」と名前を付けて保存しましょう。

Lesson 38 招待者リスト

難易度 ★☆☆

標準解答

OPEN
新しい文書

あなたは、小学生の「2分の1成人式」の招待状を送付するために、招待者リストを作成することになりました。
次のように、表を作成しましょう。

招待者氏名	郵便番号	住所	児童氏名
吉本□恵子	135-0091	東京都港区台場	吉本□桃花
浅川□恭子	101-0021	東京都千代田区外神田	浅川□みずほ
田中□貴子	231-0023	神奈川県横浜市中区山下町	田中□梢
青木□紀代実	251-0015	神奈川県藤沢市川名	青木□彩華
金子□和男	108-0022	東京都港区海岸	金子□拓
内村□洋子	241-0801	神奈川県横浜市旭区若葉台	内村□翔平
公民館長□佐藤□聡子	231-0023	神奈川県横浜市中区山下町	かえで小4年生

HINT
- ●ページ設定：余白「**左右20mm**」
- ●表の1行目 ：太字・塗りつぶし「**オレンジ、アクセント2、白＋基本色40%**」

※文書に「Lesson38」と名前を付けて保存しましょう。
「Lesson40」で使います。

Word編

第6章

宛名を差し込んで印刷する

Officeのアップデートの状況によって、文字のサイズや文章の折り返し位置、行間隔などが完成図と同じ結果にならない場合があります。その場合は、FOM出版のホームページからダウンロードした完成版のファイルを開いて操作してください。

※P.4「5 学習ファイルについて」を参考に、使用するファイルをダウンロードしておきましょう。

Lesson 39

難易度 ★★★

宛名ラベル

標準解答

OPEN
新しい文書

あなたは、会社の記念パーティーの案内状を送付するために、取引先リストをもとに宛名ラベルを作成することになりました。
次のように、宛名データを差し込んで印刷しましょう。

〒160-0023 東京都新宿区西新宿 1-1-XX□新宿タワー 株式会社古山電気産業 **古山□智也□様**	〒102-0072 東京都千代田区飯田橋 2-2-XX□ 株式会社ハッピネスフーズ **柳田□洋介□様**
〒105-0022 東京都港区海岸 1-2-XX□海岸南ビル 株式会社ヘルシー **辻村□良太□様**	〒164-0001 東京都中野区中野 1-3-XX□中野ベース ブレッド・パリス株式会社 **田辺□千佳□様**
〒231-0023 神奈川県横浜市中区山下町 2XX-X□ 味宅配のアリス株式会社 **栗原□茂雄□様**	〒231-0861 神奈川県横浜市中区元町 2-XX□ スイーツ株式会社 **大原□華子□様**
〒260-0013 千葉県千葉市中央区中央 4-XX□ 株式会社たくみ **田原□武人□様**	

HINT

- ラベル　：製造元「KOKUYO」・製品番号「KJ-2162N」
- 差し込むデータ　：Lesson33（取引先リスト）
- 差し込むフィールド：「郵便番号」「住所」「ビル名」「会社名」「氏名」
- 「氏名」と「様」　：フォントサイズ「12」・太字
- 印刷するレコード　：すべて

Advice

- データが差し込まれなかったラベルの文字は削除します。

※文書に「Lesson39」と名前を付けて保存しましょう。

Lesson 40

招待状

難易度 ★★★

標準解答

OPEN

Lesson27

あなたは、小学生の「2分の1成人式」の招待状を作成しています。
次のように、宛名データを差し込んで印刷しましょう。

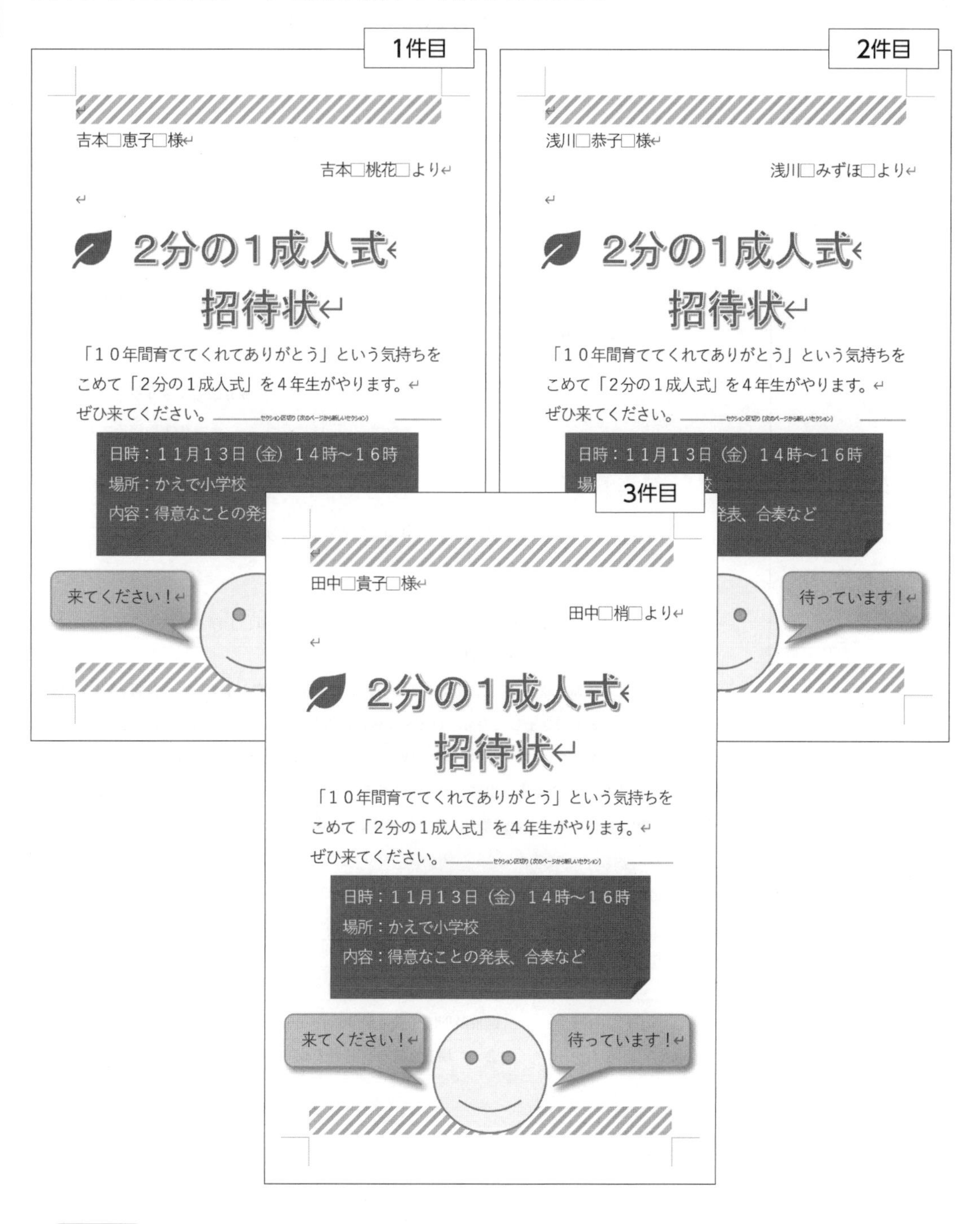

HINT

- 差し込むデータ　：Lesson38（招待者リスト）
- 差し込むフィールド：宛名**「招待者氏名」**・差出人**「児童氏名」**
- 印刷するレコード　：1～3

※文書に「Lesson40」と名前を付けて保存しましょう。

Lesson 41

難易度 ★★★

記念パーティーの案内

標準解答

OPEN

Lesson15

あなたの会社は、創立20周年記念パーティーを開催することになり、取引先への案内を作成しています。
次のように、宛名データを差し込んで印刷しましょう。

2024年5月7日

株式会社古山電気産業

古山□智也□様

クリーン・クリアライト株式会社

代表取締役□石原□和則

創立20周年記念パーティーのご案内

拝啓□新緑の候、貴社ますますご盛栄のこととお慶び申し上げます。平素は格別のご高配を賜り、厚く御礼申し上げます。

□さて、弊社は6月1日をもちまして創立20周年を迎えます。この節目の年を無事に迎えることができましたのも、ひとえに皆様方のおかげと感謝の念に堪えません。

□つきましては、創立20周年の記念パーティーを下記のとおり開催いたします。当日は弊社のOBや家族も出席させていただき、にぎやかな会にする予定でございます。ご多用中とは存じますが、ご参加くださいますようお願い申し上げます。

敬具

記

開催日□2024年6月1日（土）

開催時間□午後6時30分～午後8時30分

会　場□桜グランドホテル□4F□悠久の間

以上

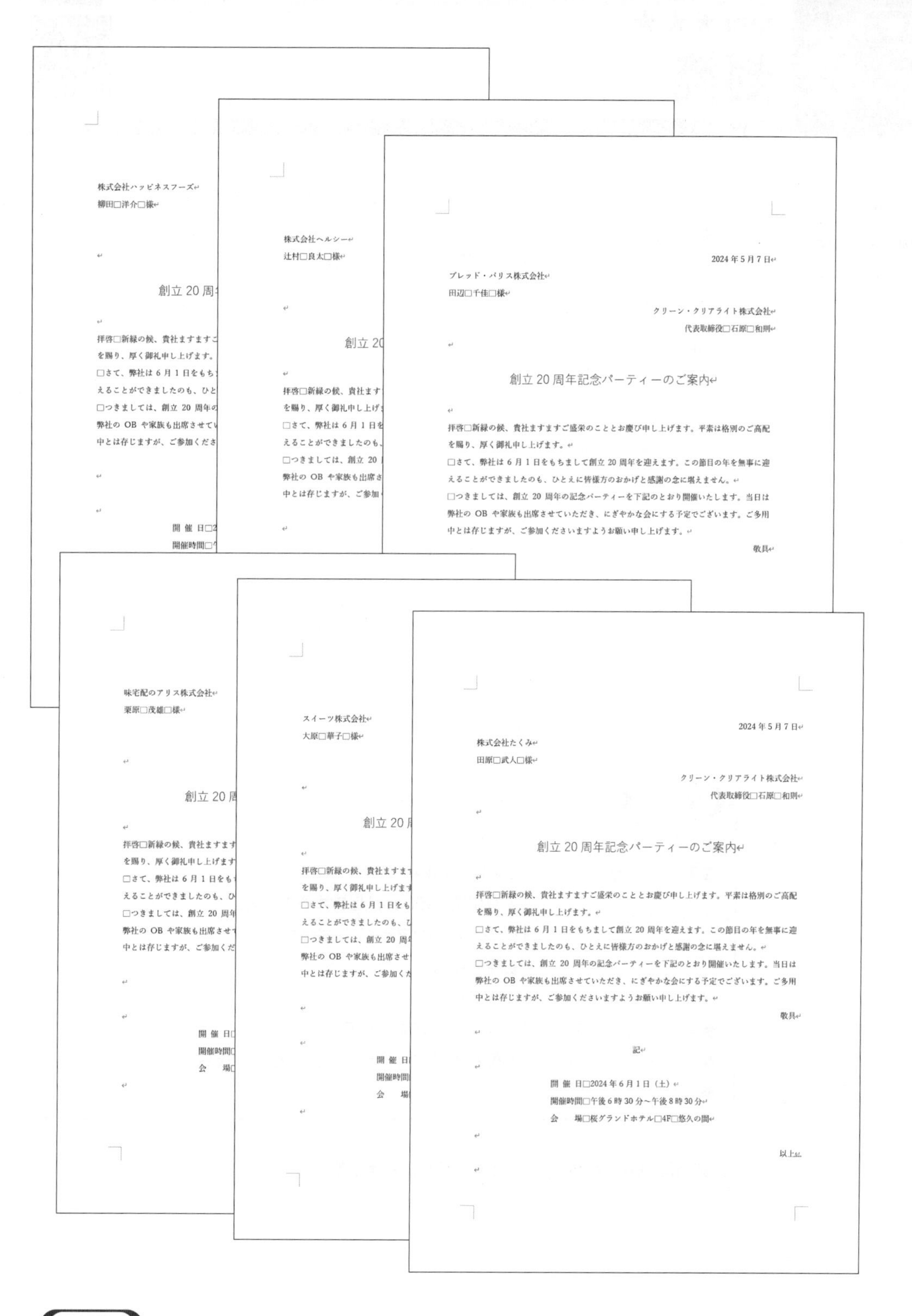

2024年5月7日

株式会社たくみ
田原□武人□様

クリーン・クリアライト株式会社
代表取締役□石原□和則

創立20周年記念パーティーのご案内

拝啓□新緑の候、貴社ますますご盛栄のこととお慶び申し上げます。平素は格別のご高配を賜り、厚く御礼申し上げます。
□さて、弊社は6月1日をもちまして創立20周年を迎えます。この節目の年を無事に迎えることができましたのも、ひとえに皆様方のおかげと感謝の念に堪えません。
□つきましては、創立20周年の記念パーティーを下記のとおり開催いたします。当日は弊社のOBや家族も出席させていただき、にぎやかな会にする予定でございます。ご多用中とは存じますが、ご参加くださいますようお願い申し上げます。

敬具

記

開催日□2024年6月1日（土）
開催時間□午後6時30分～午後8時30分
会　　場□桜グランドホテル□4F□悠久の間

以上

HINT

- ページ設定　　　：垂直方向の配置**「中央寄せ」**
- 差し込むデータ　：Lesson33（取引先リスト）
- 差し込むフィールド：宛名**「会社名」「氏名」**
- 印刷するレコード　：すべて

Advice

- 必要がない文字は削除します。

※文書に「Lesson41」と名前を付けて保存しましょう。

難易度 ★★★

封筒

OPEN

新しい文書

あなたは、会社の記念パーティーの案内状を送付するために、封筒を作成することになりました。
次のように、宛名データを差し込んで印刷しましょう。

〒210-0004
神奈川県川崎市川崎区宮本町1-XX
クリーン・クリアライト株式会社
石原□和則

〒160-0023
東京都新宿区西新宿1-1-XX□新宿タワー
株式会社古山電気産業

古山□智也□様

HINT

●封筒サイズ	：長形3号
●差出人情報	：**「〒210-0004」**
	：**「神奈川県川崎市川崎区宮本町1-XX」**
	：**「クリーン・クリアライト株式会社」**
	：**「石原　和則」**
●宛名のインデント	：左**「5字」**
●差し込むデータ	：Lesson33（取引先リスト）
●差し込むフィールド	：**「郵便番号」「住所」「ビル名」「会社名」「氏名」**
●印刷するレコード	：現在のレコード

※文書に「Lesson42」と名前を付けて保存しましょう。

Word編

第7章

長文の構成を編集する

Officeのアップデートの状況によって、文字のサイズや文章の折り返し位置、行間隔などが完成図と同じ結果にならない場合があります。その場合は、FOM出版のホームページからダウンロードした完成版のファイルを開いて操作してください。

※P.4「5 学習ファイルについて」を参考に、使用するファイルをダウンロードしておきましょう。

W 第7章

Lesson43 掃除のコツ

難易度 ★★★

標準解答

OPEN

Lesson18

あなたは、掃除のコツをまとめた文書を作成しています。

① 次のように、アウトラインを設定し、文書の構成を変更しましょう。

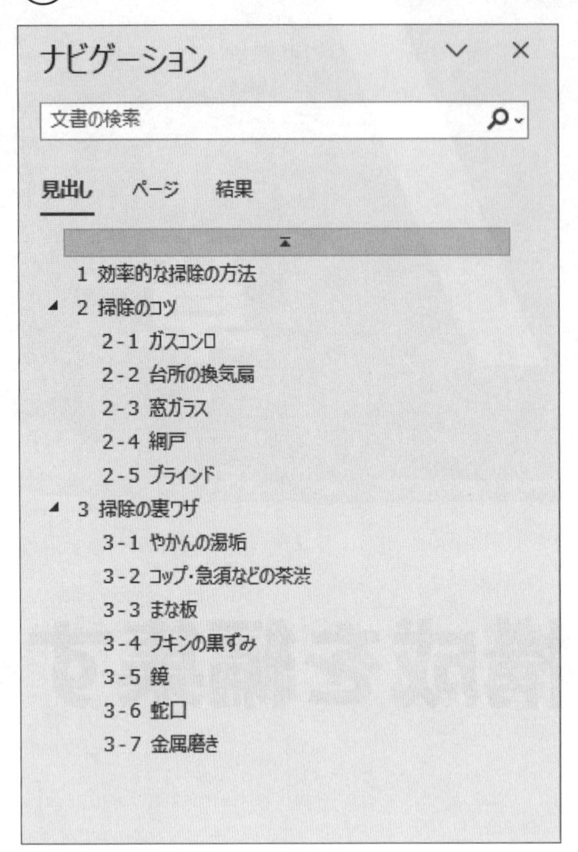

HINT

●アウトラインレベル：見出し**「レベル1」「レベル2」**

●アウトライン番号　：

	番号書式	レベルと対応付ける見出しスタイル
レベル1	1	見出し1
レベル2	1-1	見出し2

② 次のように、書式を設定し、文章を校正しましょう。

1ページ目

掃除のコツと裏ワザ

・1 効率的な掃除の方法

家の中には、いつもきれいにしておきたいと思いながらもなかなか手がつけられず、結局年に一度の大掃除となってしまう、という場所があります。なかなか掃除をしないから汚れもひどくなり、少しくらい掃除をしただけではきれいにならない、掃除が嫌になってさらに汚れがたまる、という悪循環が発生しています。台所のガスコンロや換気扇、窓ガラスや網戸などがその代表例です。これらの場所は、掃除が苦手な人だけでなく掃除が得意な人にとっても、汚れがたまると掃除するのが億劫になる場所であり、掃除の悪循環が発生しやすい場所といえます。

・2 掃除のコツ

掃除の達人は、「簡単な掃除の知識さえあれば、汚れを落とすことができ、やる気も起きてどんどんきれいになっていく」と言っています。
身近なものを使って汚れが落ちる掃除のコツと裏ワザを、DIY(DIYとは、Do It Yourselfの略で、自分の頭と手を使って快適な住まいを創造すること。)に詳しい中村博之さんに伺いました。もし、あなたが掃除を苦手でも大丈夫。ここで紹介している掃除のコツを読んで、掃除の悪循環から抜け出しましょう。

・2-1 ガスコンロ

調理の際の煮物の吹きこぼれ、炒めものの油はねなどはその場で拭き取っておくとよいでしょう。それでもたまっていく焦げつき汚れは、**重曹**を使った煮洗いが効果的です。焦げつきが柔らかくなり、落としやすくなります。

【手順】

①→大きな鍋に水を入れ**重曹**を加えます。
②→その中に五徳や受け皿、グリルなどをつけて10分ほど煮てから水洗いします。

・2-2 台所の換気扇

換気扇の油汚れには、つけ置き洗いがおすすめです。洗剤は市販の専用品ではなく、身近にあるもので十分です。

【手順】

①→酵素系漂白剤（弱アルカリ性）カップ2～3杯に、食器洗い洗剤（中性）を小さじ3杯入れて混ぜ、つけ置き洗い用洗剤を作ります。(アルカリ性の油汚れ用洗剤でつけ置き洗いをすると塗装まではがれることもあるので注意が必要。)
②→換気扇の部品をはずし、ひどい汚れは割り箸で削り落とします。
③→シンクや大きな入れ物の中に汚れ防止用のビニール袋を敷き、40度ほどのお湯を入れてから①を加えて溶かします。その中に部品を1時間ほどつけて置きます。

1

2ページ目

④→歯ブラシで汚れを落としたあとに水洗いしてできあがりです。↵

↵

・**2-3窓ガラス**↵

窓ガラスの汚れは、一般的には住居用洗剤を吹きつけて拭き取ります。水滴をそのままにしておくと、跡になってしまうのでから拭きするのがコツです。から拭きには丸めた新聞紙を使うとよいでしょう。インクがワックス代わりをしてくれます。↵

【手順】↵

①→1%に薄めた住居用洗剤を霧吹きで窓ガラスに吹きつけ、スポンジでのばします。↵

②→窓ガラスの左上から右へとスクイージーを浮かせないように引き、枠の手前で止めて、スクイージーのゴム部分の水を拭き取ります。↵

③→同じように下段へと進み、下まで引いたら、右側の残した部分を上から下へと引きおろします。↵

④→仕上げに丸めた新聞紙でから拭きします。↵

↵

・**2-4網戸**↵

網戸は外して水洗いするのが理想的ですが、無理な場合は、塗装用のコテバケを使うとよいでしょう。↵

【手順】↵

①→住居用洗剤を溶かしたぬるま湯にコテバケをつけて絞り、網の上下または左右に塗ります。↵

②→しばらく放置したあと固く絞った雑巾で拭き取ります。↵

↵

・**2-5ブラインド**↵

ブラインド専用の掃除用具も販売されていますが、軍手を使うと簡単に汚れを取ることができます。↵

【手順】↵

①→ゴム手袋をした上に軍手をはめます。↵

②→指先に水で薄めた住居用洗剤をつけて絞り、ブラインドを指で挟むように拭きます。↵

③→軍手を水洗いして水拭きをします。↵

④→仕上げに乾いた軍手でから拭きします。↵

↵

・**3 掃除の裏ワザ**↵

洗剤の成分や道具などの商品知識を豊かにしたり、手順や要領を身に付けたりすると、家庭にあるものを上手に活用することができます。汚れがたまる前に試してみましょう。↵

↵

2↵

↵

3ページ目

- 3-1やかんの湯垢
少量の酢を入れた濃い塩水に一晩つけて置き、スチールウールでこすり落とします。

- 3-2コップ・急須などの茶渋
みかんの皮に塩をまぶして茶渋をこすりとり、布に水を含ませた**重曹**をつけて磨きます。

- 3-3まな板
レモンの切れ端でこすり、漂白します。

- 3-4フキンの黒ずみ
カップ1杯の水にレモン半分とフキンを入れて煮ます。

- 3-5鏡
クエン酸を水で溶かしたものをスプレーします。しばらく放置してから水拭きします。

- 3-6蛇口
古いストッキングやナイロンタオルで磨きます。

- 3-7金属磨き
布に練り歯磨きをつけて磨きます。狭いところは先をつぶした爪楊枝を使います。
銀製品は**重曹**を使います。

3

HINT

●文字書式の置換：文字「**重曹**」と「**【手順】**」・太字
●文章の校正　：文書のスタイル「**通常の文**」・助詞の連続・「**い**」抜き・表記ゆれ

Advice

- 文書のスタイルを設定する場合は、**《ファイル》**タブ→**《その他》**→**《オプション》**→**《文章校正》**→**《Wordのスペルチェックと文章校正》**の**《文書のスタイル》**を使います。

※**《オプション》**が表示されている場合は、**《オプション》**をクリックします。

※文書に「Lesson43」と名前を付けて保存しましょう。

Lesson 44

難易度 ★★★

インターネットに潜む危険

標準解答

OPEN

Lesson34

あなたは、インターネットに存在する危険をまとめた文書を作成しています。

① 次のように、文章を挿入し、アウトラインを設定しましょう。

1ページ目

配布資料

インターネットに潜む危険

▪ 1. 危険から身を守るには

インターネットには危険がいっぱい、インターネットを使うのをやめよう！なんて考えていませんか？どうしたら危険を避けることができるのでしょうか。信用できない人とやり取りしない、被害にあったら警察に連絡するなどの安全対策が何より大切です。

▪ 1.1. パスワードは厳重に管理する

インターネット上のサービスを利用するときは、ユーザー名とパスワードで利用するユーザーが特定されます。その情報が他人に知られると、他人が無断でインターネットに接続したり、サービスを利用したりする危険があります。パスワードは、他人に知られないように管理します。パスワードを尋ねるような問い合わせに応じたり、人目にふれるところにパスワードを書いたメモを置いたりすることはやめましょう。また、パスワードには、氏名、生年月日、電話番号など簡単に推測されるものを使ってはいけません。

▪ 1.2. 他人のパソコンで個人情報を入力しない

インターネットカフェなど不特定多数の人が利用するパソコンに、個人情報を入力することはやめましょう。入力したユーザー名やパスワードがパソコンに残ってしまったり、それらを保存するようなしかけがされていたりする可能性があります。

▪ 1.3. 個人情報をむやみに入力しない

懸賞応募や占い判定など楽しい企画をしているホームページで、個人情報を入力する場合は、信頼できるホームページであるかを見極めてからにしましょう。

▪ 1.4. SSL対応を確認して個人情報を入力する

個人情報やクレジットカード番号など重要な情報を入力する場合、「SSL」に対応したホームページであることを確認します。SSLとは、ホームページに書き込む情報が漏れないように暗号化するしくみです。SSLに対応したホームページは、アドレスが「https://」で始まり、アドレスバーに鍵のアイコンが表示されます。

▪ 1.5. 怪しいファイルは開かない

知らない人から届いたEメールや怪しいホームページからダウンロードしたファイルは、絶対に開いてはいけません。ファイルを開くと、ウイルスに感染してしまうことがあります。

1

2ページ目

配布資料

■ 1.6. → ホームページの内容をよく読む

ホームページの内容をよく読まずに次々とクリックしていると、料金を請求される可能性があります。有料の表示をわざと見えにくくして利用者に気付かせないようにしているものもあります。このような場合、見る側の不注意とみなされ高額な料金を支払うことになる場合もあります。ホームページの内容はよく読み、むやみにクリックすることはやめましょう。

■ 1.7. → 電源を切断する

インターネットに接続している時間が長くなると、外部から侵入される可能性が高くなります。パソコンを利用しないときは電源を切断するように心がけましょう。

■ 2. → 加害者にならないために

インターネットを利用していて、最も怖いことは自分が加害者になってしまうことです。加害者にならないために、正しい知識を学びましょう。

■ 2.1. → ウイルス対策をする

ウイルスに感染しているファイルを E メールに添付して送ったり、ホームページに公開したりしてはいけません。知らなかったではすまされないので、ファイルをウイルスチェックするなどウイルス対策には万全を期しましょう。

■ 2.2. → 個人情報を漏らさない

SNS やブログなどに他人の個人情報を書き込んではいけません。仲間うちの人しか見ていないから大丈夫！といった油断は禁物です。ホームページの内容は多くの人が見ていることを忘れてはいけません。

■ 2.3. → 著作権に注意する

文章、写真、イラスト、音楽などのデータにはすべて「著作権」があります。自分で作成したホームページに、他人のホームページのデータを無断で転用したり、新聞や雑誌などの記事や写真を無断で転載したりすると、著作権の侵害になることがあります。

■ 2.4. → 肖像権に注意する

自分で撮影した写真でも、その写真に写っている人に無断でホームページに掲載すると、「肖像権」の侵害になることがあります。写真を掲載する場合は、家族や親しい友人でも一

2

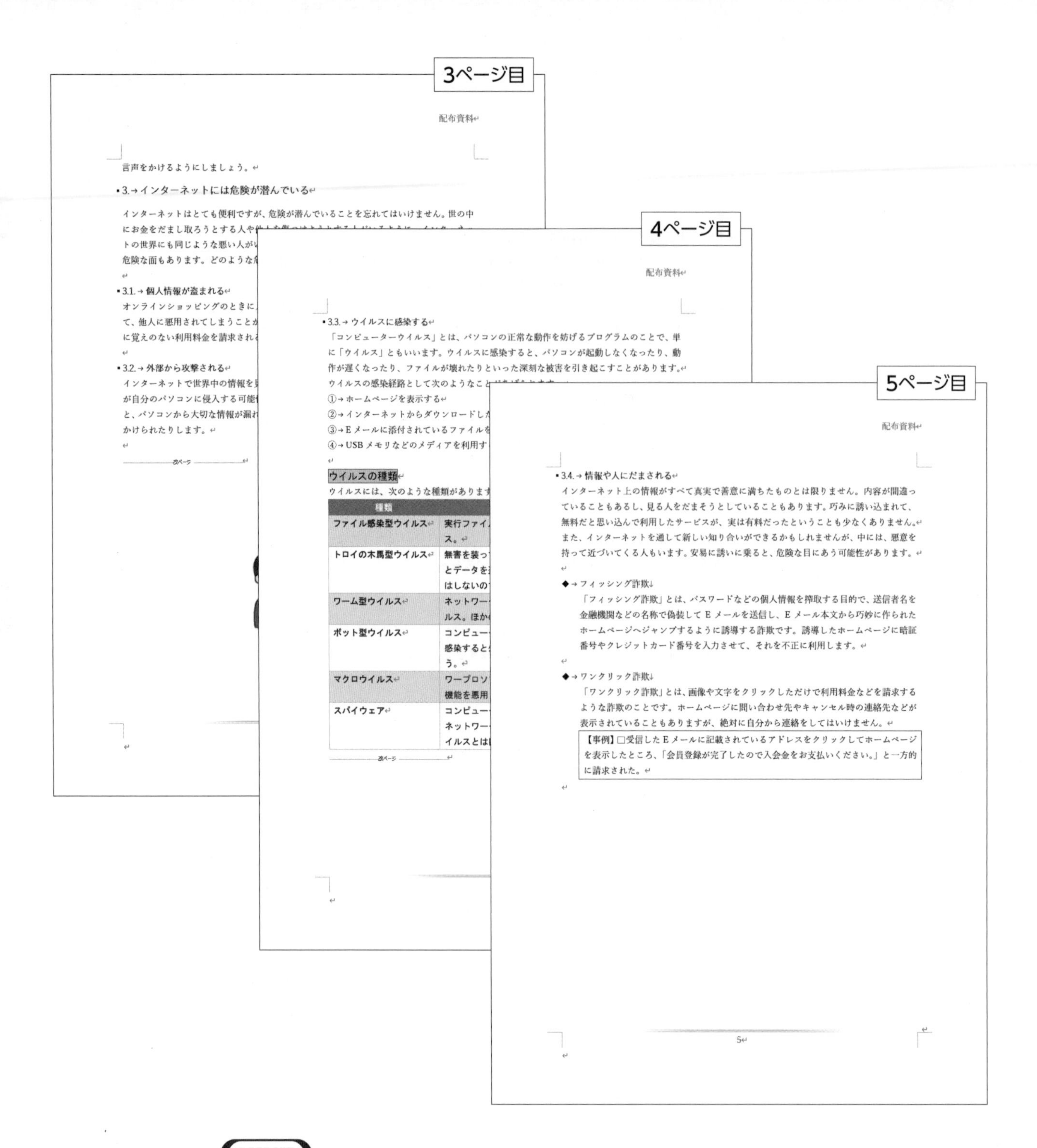

3ページ目

配布資料

言声をかけるようにしましょう。

3. インターネットには危険が潜んでいる

インターネットはとても便利ですが、危険が潜んでいることを忘れてはいけません。世の中

3.1. 個人情報が盗まれる

3.2. 外部から攻撃される

4ページ目

配布資料

3.3. ウイルスに感染する

「コンピューターウイルス」とは、パソコンの正常な動作を妨げるプログラムのことで、単に「ウイルス」ともいいます。ウイルスに感染すると、パソコンが起動しなくなったり、動作が遅くなったり、ファイルが壊れたりといった深刻な被害を引き起こすことがあります。

①ホームページを表示する

②インターネットからダウンロードし

③Eメールに添付されているファイルを

④USBメモリなどのメディアを利用す

ウイルスの種類

ウイルスには、次のような種類がありま

種類	
ファイル感染型ウイルス	実行ファイ ス。
トロイの木馬型ウイルス	無害を装っ とデータを はしないの
ワーム型ウイルス	ネットワー ルス。ほか
ボット型ウイルス	コンピュー 感染すると う。
マクロウイルス	ワープロソ 機能を悪用
スパイウェア	コンピュー ネットワー イルスとは

5ページ目

配布資料

3.4. 情報や人にだまされる

インターネット上の情報がすべて真実で善意に満ちたものとは限りません。内容が間違っていることもあるし、見る人をだまそうとしていることもあります。巧みに誘い込まれて、無料だと思い込んで利用したサービスが、実は有料だったということも少なくありません。
また、インターネットを通して新しい知り合いができるかもしれませんが、中には、悪意を持って近づいてくる人もいます。安易に誘いに乗ると、危険な目にあう可能性があります。

◆ フィッシング詐欺

「フィッシング詐欺」とは、パスワードなどの個人情報を搾取する目的で、送信者名を金融機関などの名称で偽装してEメールを送信し、Eメール本文から巧妙に作られたホームページへジャンプするように誘導する詐欺です。誘導したホームページに暗証番号やクレジットカード番号を入力させて、それを不正に利用します。

◆ ワンクリック詐欺

「ワンクリック詐欺」とは、画像や文字をクリックしただけで利用料金などを請求するような詐欺のことです。ホームページに問い合わせ先やキャンセル時の連絡先などが表示されていることもありますが、絶対に自分から連絡をしてはいけません。

【事例】□受信したEメールに記載されているアドレスをクリックしてホームページを表示したところ、「会員登録が完了したので入会金をお支払いください。」と一方的に請求された。

5

HINT

●文章の挿入　　：Lesson21（インターネットの安全対策）の1ページ2行目～3ページ23行目・テキストのみ保持

●アウトラインレベル：見出し**「レベル1」「レベル2」**

●アウトライン番号　：

	番号書式	レベルと対応付ける見出しスタイル	文字書式
レベル1	1.	見出し1	太字
レベル2	1.1.	見出し2	太字

Advice

- 必要がない文字や行は削除します。

② 次のように、文書の構成を変更しましょう。

ナビゲーション

文書の検索

見出し　ページ　結果

1. インターネットには危険が潜んでいる
2. 危険から身を守るには
3. 加害者にならないために

③ 次のように、文章を編集しましょう。

1ページ目

配布資料

インターネットに潜む危険

1. インターネットには危険が潜んでいる

インターネットはとても便利ですが、危険が潜んでいることを忘れてはいけません。世の中にお金をだまし取ろうとする人や他人を傷つけようとする人がいるように、インターネットの世界にも同じような悪い人がいるのです。インターネットには便利な面も多いですが、危険な面もあります。どのような危険が潜んでいるかを確認しましょう。

1.1. 個人情報が盗まれる

オンラインショッピングのときに入力するクレジットカード番号などの個人情報が盗まれて、他人に悪用されてしまうことがあります。個人情報はきちんと管理しておかないと、身に覚えのない利用料金を請求されることになりかねません。

1.2. 外部から攻撃される

インターネットで世界中の情報を見ることができるというのは、逆にいえば、世界のだれかが自分のパソコンに侵入する可能性があるということです。しっかりガードしておかないと、パソコンから大切な情報が漏れてしまったり、パソコン内の情報を壊すような攻撃をしかけられたりします。

改ページ

1

2ページ目

1.3. ウイルスに感染する

「コンピューターウイルス」とは、パソコンの正常な動作を妨げるプログラムのことで、単に「ウイルス」ともいいます。ウイルスに感染すると、パソコンが起動しなくなったり、動作が遅くなったり、ファイルが壊れたりといった深刻な被害を引き起こすことがあります。

ウイルスの感染経路として次のようなことがあげられます。

①ホームページを表示する

②インターネットからダウンロードしたファイルを開く

③メールに添付されているファイルを開く

④USB メモリなどのメディアを利用する

ウイルスの種類

ウイルスには、次のような種類があります。

種類	症状
ファイル感染型ウイルス	実行ファイルに感染して制御を奪い、感染・増殖するウイルス。
トロイの木馬型ウイルス	無害を装って利用者にインストールさせ、利用者が実行するとデータを盗んだり、削除したりするウイルス。感染・増殖はしないので、厳密にはウイルスとは区別されている。
ワーム型ウイルス	ネットワークを通じてほかのコンピューターに伝染するウイルス。ほかのプログラムには寄生せずに増殖する。
ボット型ウイルス	コンピューターを悪用することを目的に作られたウイルス。感染すると外部からコンピューターを勝手に操られてしまう。
マクロウイルス	ワープロソフトや表計算ソフトなどに搭載されているマクロ機能を悪用したウイルス。
スパイウェア	コンピューターの利用者に知られないように内部に潜伏し、ネットワークを通じてデータを外部に送信する。厳密にはウイルスとは区別され、マルウェア[1]のひとつとされている。

改ページ

[1] 悪意のあるソフトウェアの総称。ウイルスもマルウェアに含まれる。

3ページ目

配布資料↵

▪1.4.→情報や人にだまされる↵

インターネット上の情報がすべて真実で善意に満ちたものとは限りません。内容が間違っていることもあるし、見る人をだまそうとしていることもあります。巧みに誘い込まれて、無料だと思い込んで利用したサービスが、実は有料だったということも少なくありません。↵
また、インターネットを通して新しい知り合いができるかもしれませんが、中には、悪意を持って近づいてくる人もいます。安易に誘いに乗ると、危険な目にあう可能性があります。↵
↵

◆→フィッシング詐欺↓
「フィッシング詐欺」とは、パスワードなどの個人情報を搾取する目的で、送信者名を金融機関などの名称で偽装してメールを送信し、メール本文から巧妙に作られたホームページへジャンプするように誘導する詐欺です。誘導したホームページに暗証番号やクレジットカード番号を入力させて、それを不正に利用します。↵
↵

◆→ワンクリック詐欺↓
「ワンクリック詐欺」とは、画像や文字をクリックしただけで利用料金などを請求するような詐欺のことです。ホームページに問い合わせ先やキャンセル時の連絡先などが表示されていることもありますが、絶対に自分から連絡をしてはいけません。↵

【事例】□受信したメールに記載されているアドレスをクリックしてホームページを表示したところ、「会員登録が完了したので入会金をお支払いください。」と一方的に請求された。↵

↵

▪2.→危険から身を守るには↵

インターネットには危険がいっぱい、インターネットを使うのをやめよう！なんて考えていませんか？どうしたら危険を避けることができるのでしょうか。信用できない人とやり取りしない、被害にあったら警察に連絡するなどの安全対策が何より大切です。↵
↵

▪2.1.→パスワードは厳重に管理する↵

インターネット上のサービスを利用するときは、ユーザー名とパスワードで利用するユーザーが特定されます。その情報が他人に知られると、他人が無断でインターネットに接続したり、サービスを利用したりする危険があります。パスワードは、他人に知られないように管理します。パスワードを尋ねるような問い合わせに応じたり、人目にふれるところにパスワードを書いたメモを置いたりすることはやめましょう。また、パスワードには、氏名、生年月日、電話番号など簡単に推測されるものを使ってはいけません。↵
↵

3↵

▪2.2. → 他人のパソコンで個人情報を入力しない

インターネットカフェなど不特定多数の人が利用するパソコンに、個人情報を入力することはやめましょう。入力したユーザー名やパスワードがパソコンに残ってしまったり、それらを保存するようなしかけがされていたりする可能性があります。

▪2.3. → 個人情報をむやみに入力しない

懸賞応募や占い判定など楽しい企画をしているホームページで、個人情報を入力する場合は、信頼できるホームページであるかを見極めてからにしましょう。

▪2.4. → SSL 対応を確認して個人情報を入力する

個人情報やクレジットカード番号など重要な情報を入力する場合、「SSL」に対応したホームページであることを確認します。SSL とは、ホームページに書き込む情報が漏れないように暗号化するしくみです。SSL に対応したホームページは、アドレスが「https://」で始まり、アドレスバーに鍵のアイコンが表示されます。

▪2.5. → 怪しいファイルは開かない

知らない人から届いたメールや怪しいホームページからダウンロードしたファイルは、絶対に開いてはいけません。ファイルを開くと、ウイルスに感染してしまうことがあります。

▪2.6. → ホームページの内容をよく読む

ホームページの内容をよく読まずに次々とクリックしていると、料金を請求される可能性があります。有料の表示をわざと見えにくくして利用者に気付かせないようにしているものもあります。このような場合、見る側の不注意とみなされ高額な料金を支払うことになる場合もあります。ホームページの内容はよく読み、むやみにクリックすることはやめましょう。

▪2.7. → 電源を切断する

インターネットに接続している時間が長くなると、外部から侵入される可能性が高くなります。パソコンを利用しないときは電源を切断するように心がけましょう。

▪3. → 加害者にならないために

インターネットを利用していて、最も怖いことは自分が加害者になってしまうことです。加害者にならないために、正しい知識を学びましょう。

5ページ目

配布資料↵

▪3.1.→ウイルス対策をする↵

ウイルスに感染しているファイルをメールに添付して送ったり、ホームページに公開したりしてはいけません。知らなかったではすまされないので、ファイルをウイルスチェックするなどウイルス対策には万全を期しましょう。↵

↵

▪3.2.→個人情報を漏らさない↵

SNS やブログなどに他人の個人情報を書き込んではいけません。仲間うちの人しか見ていないから大丈夫！といった油断は禁物です。ホームページの内容は多くの人が見ていることを忘れてはいけません。↵

↵

▪3.3.→著作権に注意する↵

文章、写真、イラスト、音楽などのデータにはすべて「著作権」があります。自分で作成したホームページに、他人のホームページのデータを無断で転用したり、新聞や雑誌などの記事や写真を無断で転載したりすると、著作権の侵害になることがあります。↵

↵

▪3.4.→肖像権に注意する↵

自分で撮影した写真でも、その写真に写っている人に無断でホームページに掲載すると、「肖像権」の侵害になることがあります。写真を掲載する場合は、家族や親しい友人でも一言声をかけるようにしましょう。↵

5↵

↵

HINT

●文字の置換：**「Eメール」→「メール」**

●脚注　　　：設定箇所**「2ページ目の表の7行2列目「マルウェア」の後ろ」**・番号書式**「a,b,c,…」**

※文書に「Lesson44」と名前を付けて保存しましょう。
「Lesson45」で使います。

Lesson 45

難易度 ★★★

インターネットに潜む危険

標準解答

OPEN

Lesson44

あなたは、インターネットに存在する危険をまとめた文書を作成しています。
次のように、目次ページと表紙を作成しましょう。

1ページ目

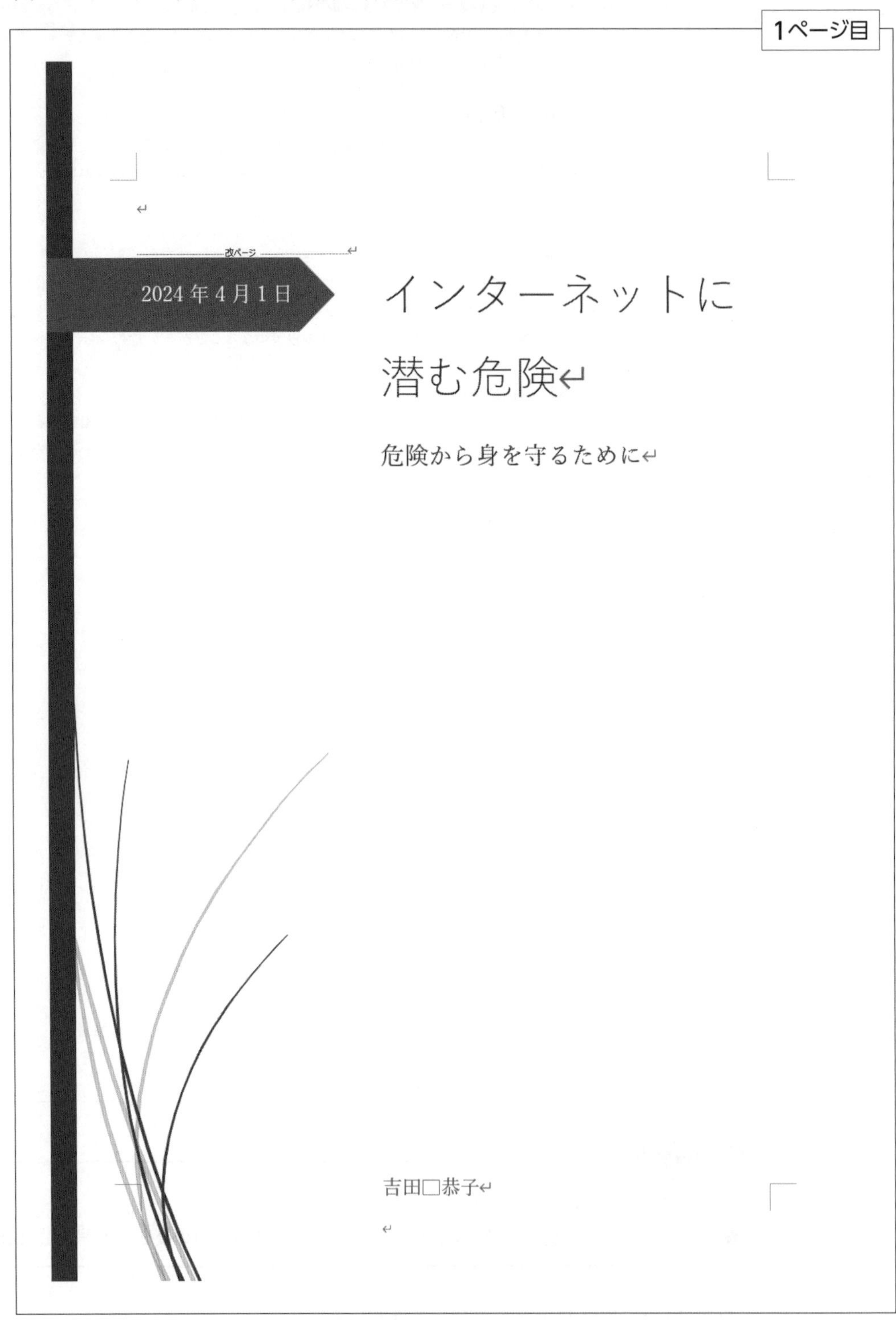

2ページ目

インターネットに潜む危険↵

インターネットに潜む危険↵

目次↵

↵

↵ セクション区切り (次のページから新しいセクション)

↵

↵

↵

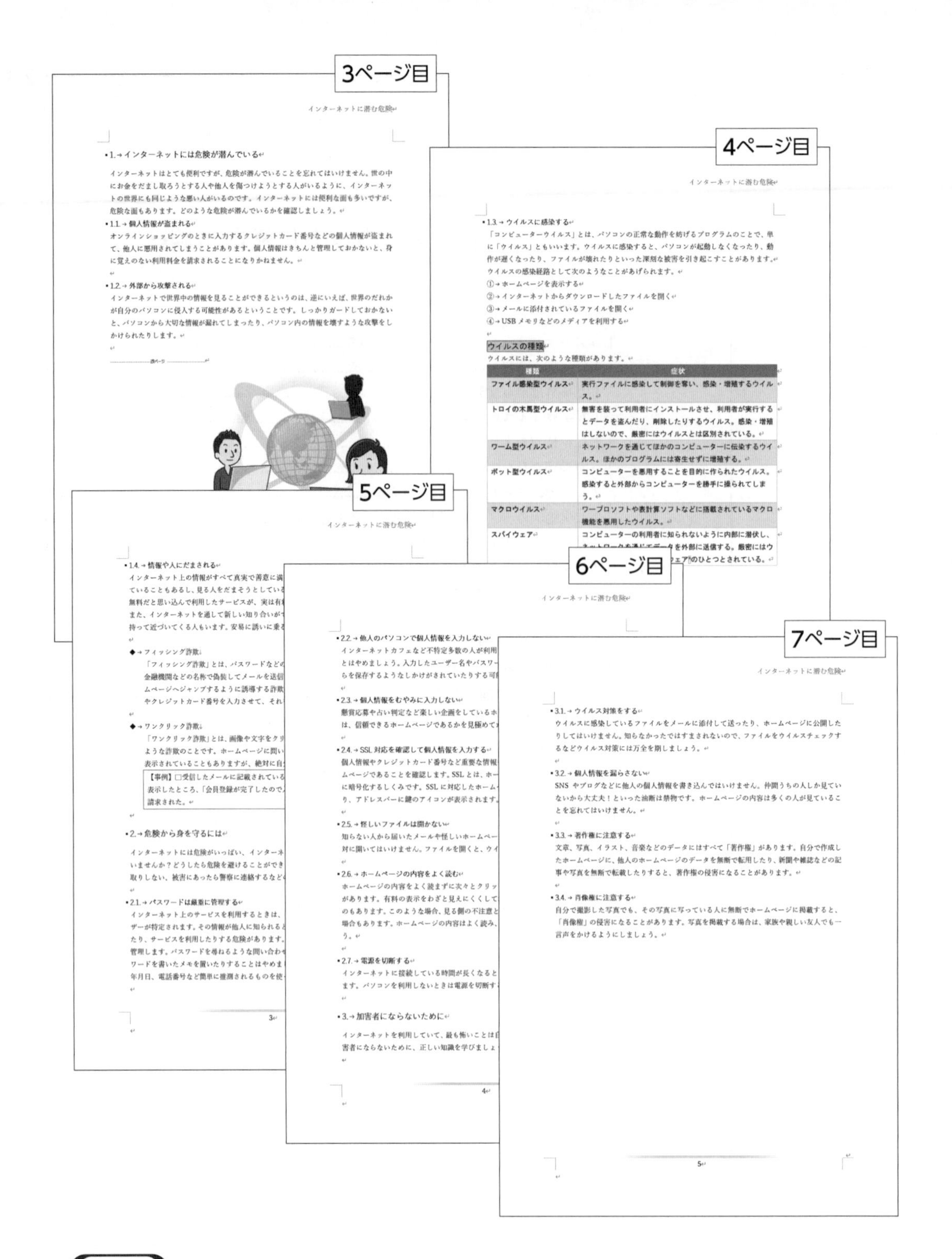

HINT

- 目次：**「自動作成の目次2」**
- 表紙：**「細い束」**・タイトルのフォントサイズ**「30」**・サブタイトルのフォントサイズ**「16」**

Advice

- 目次ページのフッターには、ページ番号が表示されないように設定します。
- ヘッダーには、文書のタイトルが表示されるように設定します。

※文書に「Lesson45」と名前を付けて保存しましょう。

総合問題

Officeのアップデートの状況によって、文字のサイズや文章の折り返し位置、行間隔などが完成図と同じ結果にならない場合があります。その場合は、FOM出版のホームページからダウンロードした完成版のファイルを開いて操作してください。

※P.4「5 学習ファイルについて」を参考に、使用するファイルをダウンロードしておきましょう。

Lesson 46

難易度 ★★★

書類送付の案内

標準解答

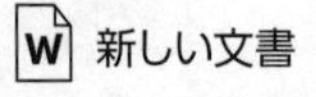

OPEN

新しい文書

あなたは、企画部に所属しており、書類送付の添え状を作成することになりました。次のように、文章を入力し、書式を設定しましょう。

No.20240115↵
2024年4月1日↵

株式会社グラシネス食品↵
営業部□山野□瑞樹□様↵

株式会社アキムラフード↵
企画部□狩野□篤史↵

↵

書類送付のご案内↵

↵
拝啓□陽春の候、貴社ますますご盛栄のこととお慶び申し上げます。平素は格別のご高配を賜り、厚く御礼申し上げます。↵
貴社よりご依頼の下記資料を送らせていただきますので、ご査収ください。↵
↵
敬具↵
↵
記↵
↵
■→手作りパンキットカタログ → 1部↵
■→当社製品一覧 → 1部↵
■→当社製品価格表 → 1部↵
↵
以上↵
↵

HINT

- ●タイトル　　　　　　：フォントサイズ**「14」**
- ●箇条書き
- ●インデント　　　　　：左**「6字」**
- ●18～20行目のタブ位置：**「28字」**
- ●17～21行目の行間　　：**「1.5」**
- ●ページ設定　　　　　：垂直方向の配置**「中央寄せ」**

※文書に「Lesson46」と名前を付けて保存しましょう。

難易度 ★★★

クリスマスカード1

OPEN
新しい文書

あなたは、クリスマスカードを作成することになりました。
次のように、ワードアートと図形を挿入し、文書を作成しましょう。

HINT

●ページ設定	：用紙サイズ**「はがき」**・余白**「上下左右10mm」**
●テーマの色	：**「シック」**
●ページの色	：**「濃い緑、アクセント4」**
●ワードアート	：スタイル**「塗りつぶし：白；輪郭：赤、アクセントカラー2；影（ぼかしなし）：赤、アクセントカラー2」**・フォント**「ALGERIAN」**・文字列の折り返し**「行内」**
●図形（スポンジ）	：**「円柱」**・枠線**「枠線なし」**
●図形（クリーム）	：**「円柱」**・塗りつぶし**「白、背景1」**・枠線の色**「ベージュ、アクセント6、白＋基本色80%」**
●図形（果物の実）	：**「楕円」**・スタイル**「光沢-赤、アクセント2」**
●図形（ろうそく本体）	：**「円柱」**・塗りつぶし**「赤、アクセント2、白＋基本色80%」**・枠線**「枠線なし」**
●図形（外側の炎）	：**「楕円」**・塗りつぶし**「オレンジ、アクセント1、白＋基本色80%」**・枠線**「枠線なし」**・光彩**「光彩：18pt；ベージュ、アクセントカラー6」**
●図形（内側の炎）	：**「楕円」**・塗りつぶし**「オレンジ」**・枠線**「枠線なし」**・光彩**「光彩なし」**

Advice

- 作成範囲が見づらい場合は、表示倍率を拡大するとよいでしょう。
- ろうそくは複数の図形を組み合わせて作成し、グループ化します。

※文書に「Lesson47」と名前を付けて保存しましょう。
「Lesson48」で使います。

Lesson 48 クリスマスカード2

難易度 ★★★

標準解答

OPEN

Lesson47

あなたは、クリスマスカードを作成しています。
次のように、表を作成しましょう。

HINT

- 表　　　：線の色**「濃い緑、アクセント4、白＋基本色40%」**・線の太さ**「1.5pt」**・左右の線**「なし」**・背景の色**「白、背景1」**
- ページ罫線：線の太さ**「16pt」**

※文書に「Lesson48」と名前を付けて保存しましょう。

難易度 ★★★

保健センターだより1

標準解答

OPEN

新しい文書

あなたは、保健センターだよりを作成することになりました。
次のように、文章を入力し、文書のレイアウトを整えましょう。

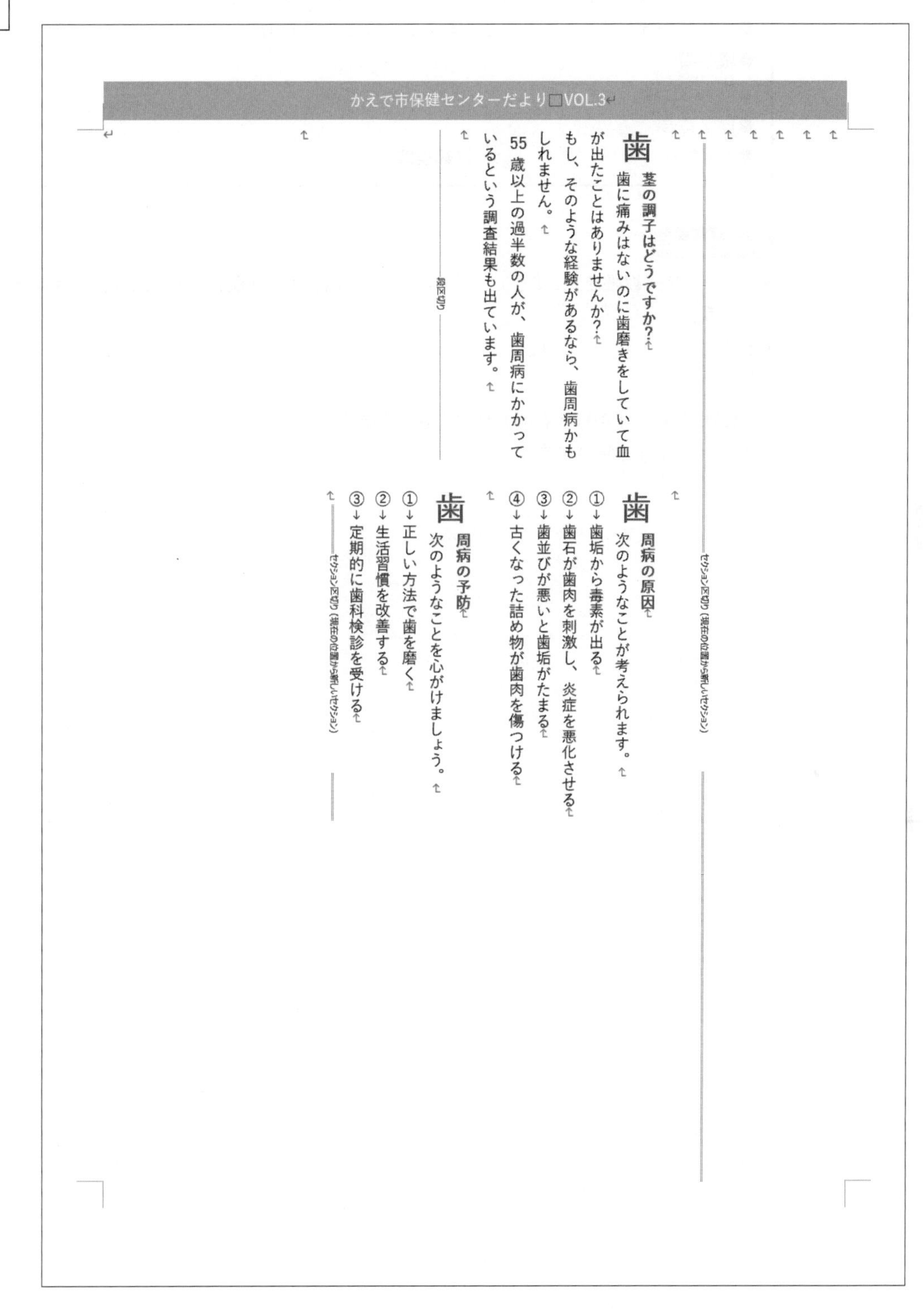

かえで市保健センターだより□VOL.3

セクション区切り（現在の位置から新しいセクション）

歯茎の調子はどうですか？

歯に痛みはないのに歯磨きをしていて血が出たことはありませんか？

もし、そのような経験があるなら、歯周病かもしれません。

55歳以上の過半数の人が、歯周病にかかっているという調査結果も出ています。

段区切り

歯周病の原因

次のようなことが考えられます。

①→歯垢から毒素が出る
②→歯石が歯肉を刺激し、炎症を悪化させる
③→歯並びが悪いと歯垢がたまる
④→古くなった詰め物が歯肉を傷つける

歯周病の予防

次のようなことを心がけましょう。

①→正しい方法で歯を磨く
②→生活習慣を改善する
③→定期的に歯科検診を受ける

セクション区切り（現在の位置から新しいセクション）

HINT

●ページ設定	:印刷の向き**「縦」**・文字方向**「縦書き」**・余白**「上下25mm」** **「左右15mm」**・行数**「28」**・ 日本語用のフォント**「游ゴシックMedium」**・ 英数字用のフォント**「日本語用と同じフォント」**
●テーマの色	:**「マーキー」**
●8行目、14行目、21行目の文字	:太字・フォントの色**「濃い赤」**
●ドロップキャップ	:本文からの距離**「2mm」**
●縦中横	
●7～29行目	:3段組み
●段落番号	
●ヘッダー	:**「縞模様」**

Advice

- 文字方向を**「縦書き」**にすると、印刷の向きが自動的に**「横」**になります。設定する順序に注意しましょう。
- 数字は半角で入力します。

※文書に「Lesson49」と名前を付けて保存しましょう。
「Lesson50」で使います。

Lesson 50 保健センターだより2

標準解答

OPEN

Lesson49

あなたは、保健センターだよりを作成しています。
次のように、テキストボックスや画像、図形を挿入し、文書を編集しましょう。

Word 1 2 3 4 5 6 7 総合 Excel 1 2 3 4 5 6 7 8 9 総合 連携

HINT

- テキストボックス（タイトル）：縦書き・塗りつぶし**「アクア、アクセント1」**・枠線**「枠線なし」**・文字の配置**「中央揃え」**・フォントサイズ**「40」**・太字・フォントの色**「白、背景1」**
- 画像（右）：**「歯磨き」**
- テキストボックス（お知らせ）：横書き・塗りつぶし**「塗りつぶしなし」**・枠線**「枠線なし」**・フォントサイズ**「9」**・フォントの色**「白、背景1」**・間隔**「1ページの行数を指定時に文字を行グリッド線に合わせる」**をオフ
- グラフ：**「集合縦棒」**・文字列の折り返し**「前面」**・レイアウト**「レイアウト1」**・フォント**「游ゴシックMedium」**
- グラフのデータ：

15-24歳	8
25-34歳	21
35-44歳	24
45-54歳	41
55-64歳	50
65-74歳	58
75歳以上	62

- グラフタイトル：フォントサイズ**「12」**
- 図形（MAP）：**「四角形：角を丸くする」**・フォントサイズ**「14」**・太字・スタイル**「パステル-緑、アクセント2」**・文字の配置**「上揃え」**
- 図形（道）：**「四角形：角を丸くする」**・フォントサイズ**「9」**・塗りつぶし**「黒、テキスト1、白＋基本色50%」**・枠線**「枠線なし」**
- 図形（目印・市役所）：**「楕円」**・枠線**「枠線なし」**
- 図形（目印・保健センター）：**「楕円」**・塗りつぶし**「濃い赤」**・枠線**「枠線なし」**
- テキストボックス（市役所）：横書き・フォントサイズ**「9」**・塗りつぶし**「塗りつぶしなし」**・枠線**「枠線なし」**
- 図形（吹き出し・下）：**「吹き出し：円形」**・スタイル**「枠線のみ-赤、アクセント6」**
- 画像（左）：**「歯科医」**・文字列の折り返し**「前面」**
- 図形（吹き出し・上）：**「吹き出し：角を丸めた四角形」**・フォントサイズ**「9」**間隔**「1ページの行数を指定時に文字を行グリッド線に合わせる」**をオフ・スタイル**「枠線のみ-アクア、アクセント1」**
- **「歯周病とは」**：フォント**「MSゴシック」**・フォントサイズ**「14」**・太字
- 箇条書き

Advice

- 画像**「歯磨き」**と**「歯科医」**はダウンロードしたフォルダー**「Word2021＆Excel2021演習問題集」**のフォルダー**「Word編」**のフォルダー**「画像」**のフォルダー**「Lesson50」**の中に収録されています。**《ドキュメント》**→**「Word2021＆Excel2021演習問題集」**→**「Word編」**→**「画像」**→**「Lesson50」**から挿入してください。
- **「★」**は**「ほし」**と入力して変換します。
- グラフは**「挿入」**タブから作成できます。

※文書に「Lesson50」と名前を付けて保存しましょう。

Excel編

第1章

基本的な表を作成する

Lesson 1 上期売上表

難易度 ★☆☆

標準解答

OPEN

新しいブック

あなたは楽器店のスタッフで、上半期の売上を集計することになりました。
次のように、表を作成しましょう。

	A	B	C	D	E	F	G	H
1	**東銀座店　売上表**							
2								単位：千円
3	**分類**	**4月**	**5月**	**6月**	**7月**	**8月**	**9月**	**合計**
4	グランドピアノ	1,500	0	1,250	0	1,250	1,100	
5	アップライトピアノ	425	322	940	1,250	540	984	
6	電子ピアノ	1,510	2,802	4,545	2,015	942	2,311	
7	キーボード	180	156	558	510	256	215	
8	オルガン	120	254	125	250	110	512	
9	**合計**							
10								

東銀座店

HINT

- タイトル　　：フォントサイズ**「16」**・太字
- 項目と合計行　：フォントサイズ**「12」**・太字・塗りつぶしの色**「緑、アクセント6、白+基本色40%」**
- 桁区切りスタイル
- A列　：列の幅**「19」**
- H列　：列の幅**「13」**
- シート見出し　：色**「緑、アクセント6」**

Advice

- **「4月」**～**「9月」**は、オートフィルを使って入力すると効率的です。
- 同じデータを入力する場合は、セルをコピーすると効率的です。
- 連続するセル範囲にデータを入力する場合は、セル範囲を選択してから入力すると効率的です。
- 初期の設定では、シートに**「Sheet1」**という名前が付けられていますが、シート名は、シートの内容に合わせてあとから変更できます。

※ブックに「Lesson1」と名前を付けて保存しましょう。
「Lesson2」と「Lesson21」で使います。

難易度 ★☆☆

Lesson 2 上期売上表

標準解答

OPEN

Lesson1

あなたは楽器店のスタッフで、新店舗の上半期の売上を集計しています。
次のように、表を作成しましょう。

	A	B	C	D	E	F	G	H
1	新川崎店　売上表							
2								単位：千円
3	分類	4月	5月	6月	7月	8月	9月	合計
4	グランドピアノ	1,250	980	0	0	1,250	2,500	
5	アップライトピアノ	425	258	1,254	1,250	2,005	560	
6	電子ピアノ	650	555	3,502	2,580	1,250	1,258	
7	キーボード	154	258	259	346	471	53	
8	オルガン	156	48	45	120	128	245	
9	合計							
10								

新川崎店

HINT

- 項目と合計行：塗りつぶしの色**「青、アクセント1、白＋基本色40%」**
- シート見出し　：色**「青、アクセント1」**

Advice

- セルの内容を部分的に変更する場合は、対象のセルを編集できる状態にしてデータを修正します。
- 各月の数値を削除し、セル範囲を選択したまま入力すると効率的です。

※ブックに「Lesson2」と名前を付けて保存しましょう。
「Lesson21」で使います。

難易度★★★

売上一覧表

標準解答

OPEN
E 新しいブック

あなたは食料品店のスタッフで、売上の一覧表を作成することになりました。
次のように、表を作成しましょう。

売上一覧表

番号	日付	店名	担当者	商品名	分類	単価	数量	売上高
1	6月1日	原宿	鈴木大河	ダージリン	紅茶	1,200	30	
2	6月2日	新宿	有川修二	キリマンジャロ	コーヒー	1,000	30	
3	6月3日	新宿	有川修二	ダージリン	紅茶	1,200	20	
4	6月4日	新宿	竹田誠一	ダージリン	紅茶	1,200	50	
5	6月5日	新宿	河上友也	アップル	紅茶	1,600	40	
6	6月5日	渋谷	木村健三	アップル	紅茶	1,600	20	
7	6月8日	原宿	鈴木大河	ダージリン	紅茶	1,200	10	
8	6月10日	品川	畑山圭子	キリマンジャロ	コーヒー	1,000	20	
9	6月11日	新宿	有川修二	アールグレイ	紅茶	1,000	50	
10	6月12日	原宿	鈴木大河	アールグレイ	紅茶	1,000	50	
11	6月12日	品川	佐藤貴子	オリジナルブレンド	コーヒー	1,800	20	
12	6月16日	渋谷	林一郎	キリマンジャロ	コーヒー	1,000	30	
13	6月17日	新宿	竹田誠一	キリマンジャロ	コーヒー	1,000	20	
14	6月18日	原宿	杉山恵美	キリマンジャロ	コーヒー	1,000	10	
15	6月22日	渋谷	木村健三	アールグレイ	紅茶	1,000	40	
16	6月23日	品川	畑山圭子	アールグレイ	紅茶	1,000	50	
17	6月24日	渋谷	林一郎	モカ	コーヒー	1,500	20	
18	6月29日	新宿	有川修二	モカ	コーヒー	1,500	10	
19	7月1日	品川	佐藤貴子	モカ	コーヒー	1,500	45	
20	7月6日	原宿	鈴木大河	オリジナルブレンド	コーヒー	1,800	30	
21	7月8日	渋谷	木村健三	アールグレイ	紅茶	1,000	20	
22	7月9日	原宿	鈴木大河	ダージリン	紅茶	1,200	10	
23	7月10日	原宿	鈴木大河	アールグレイ	紅茶	1,000	50	
24	7月13日	品川	畑山圭子	モカ	コーヒー	1,500	30	
25	7月14日	品川	佐藤貴子	モカ	コーヒー	1,500	50	
26	7月15日	渋谷	林一郎	オリジナルブレンド	コーヒー	1,800	30	
27	7月16日	新宿	河上友也	アップル	紅茶	1,600	50	
28	7月17日	渋谷	林一郎	キリマンジャロ	コーヒー	1,000	40	
29	7月20日	新宿	河上友也	アールグレイ	紅茶	1,000	30	
30	7月21日	原宿	杉山恵美	キリマンジャロ	コーヒー	1,000	20	
31	7月22日	原宿	杉山恵美	モカ	コーヒー	1,500	10	
32	7月23日	渋谷	木村健三	アールグレイ	紅茶	1,000	20	
33	7月24日	品川	畑山圭子	アールグレイ	紅茶	1,000	50	
34	7月24日	品川	佐藤貴子	モカ	コーヒー	1,500	40	
35	7月28日	新宿	竹田誠一	オリジナルブレンド	コーヒー	1,800	30	
36	7月29日	新宿	有川修二	モカ	コーヒー	1,500	20	
37	7月30日	原宿	杉山恵美	キリマンジャロ	コーヒー	1,000	10	
38	7月31日	渋谷	木村健三	アールグレイ	紅茶	1,000	20	

売上表

HINT

- タイトル　：フォントサイズ「**20**」・太字・フォントの色「**オレンジ、アクセント2**」
- 項目　　　：フォントサイズ「**12**」・太字・塗りつぶしの色「**オレンジ、アクセント2、白+基本色60%**」
- 桁区切りスタイル
- A列とE列：最適値の列の幅

Advice

- 列番号の右側の境界線をダブルクリックすると、列の最長データに合わせて、列の幅を自動的に調整できます。
- 本書では、2024/6/1～2024/7/31までの日付データを入力しています。
- **「番号」**は、オートフィルを使って入力すると効率的です。

※ブックに「Lesson3」と名前を付けて保存しましょう。
「Lesson12」で使います。

Lesson 4 売上集計表

難易度 ★★★

標準解答

OPEN
新しいブック

あなたは飲食店のスタッフで、弁当の売上を集計した表を作成することになりました。
次のように、表を作成しましょう。

	A	B	C	D	E	F	G	H	I
1	週替わり弁当売上表								
2									
3	販売数								
4								単位：個	
5		駅前店	学園前店	公園前店	高松店	並木通店	ポプラ店	合計	
6	第1週	195	80	55	48	55	102		
7	第2週	160	120	80	78	47	121		
8	第3週	120	100	60	54	65	95		
9	第4週	100	53	75	60	98	84		
10	合計								
11									

HINT

- タイトル　：フォントサイズ**「16」**・太字
- セル**【A3】**：太字・塗りつぶしの色**「青、アクセント5」**・フォントの色**「白、背景1」**
- セル範囲**【A5:H5】**とセル範囲**【A6:A10】**：塗りつぶしの色**「薄い灰色、背景2」**

Advice

- **「第1週」**～**「第4週」**は、オートフィルを使って入力すると効率的です。
- セルに斜めの罫線を設定するには、**《セルの書式設定》**ダイアログボックスを使います。

※ブックに「Lesson4」と名前を付けて保存しましょう。
「Lesson13」で使います。

難易度 ★★★

Lesson 5 スケジュール表

標準解答

OPEN
新しいブック

あなたは、家族で使用するスケジュール表を作成することになりました。
次のように、表を作成しましょう。

	A	B	C	D	E	F	G
1							
2					2024	年	
3					12	月	
4							
5	日付	曜日	予定				
6			みんな	父	母	私	
7							
8							
9							
10							
11							
12							
13							
14							
15							
16							
17							
18							
19							
20							
21							
22							
23							
24							
25							
26							
27							
28							
29							
30							
31							
32							
33							
34							
35							
36							
37							
38							

HINT

- セル範囲【E2:F3】：フォントサイズ「14」・太字・フォントの色「青、アクセント5」
- 項目：フォントサイズ「12」・太字・塗りつぶしの色「青、アクセント5、白+基本色60%」
- A列：列の幅「10」
- B列：列の幅「6」
- C列：列の幅「20」
- D列～F列：列の幅「15」

※ブックに「Lesson5」と名前を付けて保存しましょう。
「Lesson17」で使います。

Lesson 6

難易度 ★☆☆

模擬試験成績表

標準解答

OPEN

新しいブック

あなたは教員で、クラスの模擬試験の成績表を作成することになりました。
次のように、表を作成しましょう。

	A	B	C	D	E	F	G	H
1	模擬試験成績表							
2								
3	10月13日実施							
4	氏名	国語	数学	英語	合計	評価	順位	
5	大木　香織	63	75	86				
6	山城　健	74	63	64				
7	中田　健司	55	60	66				
8	久賀　慶	62	60	50				
9	牧野　弘一	97	70	89				
10	富田　詩織	55	60	58				
11	栗原　真紀	60	96	50				
12	佐藤　ゆかり	70	55	62				
13	関口　良	64	63	50				
14	松野　浩二	55	53	64				
15	浅見　真人	58	65	98				
16	佐々木　純	60	60	60				
17	吉本　俊哉	70	57	62				
18	芝　総一郎	55	70	58				
19	清水　由子	64	52	60				
20	平均							
21	最高							
22	最低							
23								
24								

成績表

HINT

- タイトル：フォントサイズ「16」・太字
- 項目　：太字
- A列　：列の幅「13」
- 氏名　：インデント「1」

※ブックに「Lesson6」と名前を付けて保存しましょう。
「Lesson15」で使います。

難易度 ★☆☆

Lesson 7 商品券発行リスト

標準解答

OPEN

新しいブック

あなたは小売店のスタッフで、商品券の発行リストを作成することになりました。
次のように、表を作成しましょう。

	A	B	C	D	E	F	G
1	商品券発行リスト						
2							
3	◆お客様リスト◆				◆換算表◆		
4	(購入金額に応じた商品券金額)						
5	氏名	購入金額	商品券		購入金額	商品券	
6	伊藤　義男	152,000			0	0	20万円未満
7	今村　まゆ	356,000			200,000	1,000	20万円以上30万円未満
8	岡山　奈津	541,000			300,000	2,500	30万円以上50万円未満
9	川原　英樹	290,000			500,000	4,000	50万円以上70万円未満
10	小林　啓三	620,000			700,000	5,500	70万円以上
11	坂本　征二	98,000					
12	白井　達也	501,000					
13	鈴木　明子	256,000					
14	高田　みゆき	740,000					
15	辻井　夏帆	85,000					
16	花岡　健一郎	350,000					
17	舟木　香奈子	191,000					
18	松村　文代	821,000					
19	森下　和幸	520,000					
20	山本　創	475,000					
21							

HINT

- ●タイトル　：フォントサイズ「**16**」・太字
- ●表のタイトル　：太字
- ●項目　：太字・塗りつぶしの色「**薄い灰色、背景2**」
- ●セル【**A4**】　：フォントサイズ「**9**」・フォントの色「**赤**」
- ●桁区切りスタイル
- ●A列　：列の幅「**13**」
- ●B列とE列　：列の幅「**10**」
- ●G列　：最適値の列の幅

Advice

- 「◆」は「**しかく**」と入力して変換します。

※ブックに「Lesson7」と名前を付けて保存しましょう。
「Lesson16」で使います。

Lesson 8 案内状

難易度 ★★★

標準解答

OPEN 新しいブック

あなたは不動産会社に勤務しており、顧客に新築マンションの案内状を作成することになりました。
次のように、表を作成しましょう。

	A	B	C	D	E	F	G	H
1							2024年4月1日	
2	緑山　幸太郎　様							
3						アジアンタムハウス		
4						〒220-0005		
5						横浜市西区南幸X-X		
6						TEL：045-317-XXXX		
7						FAX：045-317-XXXX		
8								
9				新築分譲マンションのご案内				
10								
11	時下ますますご清祥の段、お慶び申し上げます。日頃は大変お世話になっております。							
12	ご希望の条件でお調べしました結果、次の物件がございました。							
13	各物件、モデルルームを公開しております。							
14	ご案内させていただきますので、ぜひご連絡ください。お待ちしております。							
15						担当：		
16								
17	物件名	沿線	最寄駅	徒歩（分）	販売価格（万円）	間取り	面積（㎡）	
18	アイビー横浜海岸通り	京浜東北線	関内	10	6,880	3LDK	72	
19	オーガスタ戸塚	東海道本線	戸塚	15	4,380	2LDK	50	
20	横浜山手プラッサイア	根岸線	山手	12	5,690	2LDK	52	
21	ホリスガーデン川崎	東海道本線	川崎	10	4,600	2LDK	54	
22	川崎モンステラ	東海道本線	川崎	15	4,710	2LDK	52	
23								

案内状

HINT

- セル【A2】　：フォントサイズ「**14**」・太字・ユーザー定義の表示形式「**□様**」
- 桁区切りスタイル
- セル【F3】　：フォントサイズ「**12**」・太字・フォントの色「**濃い赤**」
- タイトル　：フォントサイズ「**12**」・太字
- 項目　：太字
- A列　：列の幅「**20**」
- B列とD列　：列の幅「**10**」
- C列とF列　：列の幅「**7**」
- E列　：列の幅「**15**」
- G列　：列の幅「**13**」

Advice

- 「**〒**」は「**ゆうびん**」と入力して変換します。
- 「**㎡**」は「**へいほうめーとる**」と入力して変換します。
- ユーザー定義の表示形式「**□様**」の□は全角空白を表します。

※ブックに「Lesson8」と名前を付けて保存しましょう。
「Lesson19」で使います。

難易度 ★★★

お見積書

標準解答

OPEN
新しいブック

あなたは家具販売店のスタッフで、見積書を作成することになりました。
次のように、表を作成しましょう。

	A	B	C	D	E	F
1						
2					No.0100	
3	お見積書					
4						
5	お名前	高島恵子　様				
6	ご住所	東京都杉並区清水X-X-X				
7	お電話番号	03-3311-XXXX				
8				エフオーエム家具株式会社		
9				登録番号　T1234567890123		
10				〒212-0014		
11				神奈川県川崎市幸区大宮町X-X		
12				03-5401-XXXX		
13						
14	平素よりご用命を賜りまして厚く御礼申し上げます。					
15	以下のとおり、お見積りさせていただきます。					
16						
17						
18	合計金額					
19						
20	明細					
21	商品番号	商品名	販売価格	数量	金額	
22						
23						
24						
25						
26						
27			小計			
28			消費税	10%		
29			合計			
30						
31						

お見積書

HINT

- タイトル：セルのスタイル**「タイトル」**
- 項目：セルのスタイル**「薄い灰色、20%-アクセント3」**・太字
- セル範囲**【C27:D27】**とセル範囲**【C29:D29】**：横方向に結合
- セル範囲**【A18:B18】**：フォントサイズ**「14」**・太字
- セル**【B5】**：ユーザー定義の表示形式**「□様」**
- A列とC列：列の幅**「11」**
- B列：最適値の列の幅
- E列：列の幅**「19」**

※ブックに「Lesson9」と名前を付けて保存しましょう。
「Lesson14」で使います。

難易度 ★★★

試験結果

標準解答

OPEN

新しいブック

あなたは教員で、10月の試験結果の一覧を作成することになりました。
次のように、表を作成しましょう。

	A	B	C	D	E	F	G
1		試験結果(10月)					
2							
3	生徒番号	氏名	国語	英語	小論文	合計	
4	1	佐藤　結衣	73	40	89		
5	2	浜崎　愛美	50	25	87		
6	3	中岡　早紀	45	20	85		
7	4	江原　香	30	87	45		
8	5	佐々木　理紗	87	86	81		
9	6	中田　優香	40	35	79		
10	7	内田　恵	40	84	77		
11	8	伊東　麻里	84	83	40		
12	9	内村　雅和	40	40	25		
13	10	矢野　伸輔	25	30	20		
14	11	若村　隆司	90	92	95		
15	12	岡田　祐樹	25	25	35		
16	13	高田　浩之	79	78	65		
17	14	篠田　伸吾	19	15	25		
18	15	大木　祐輔	35	76	61		
19	16	岡村　亮介	76	75	59		
20	17	加藤　良孝	75	74	57		
21	18	中田　涼子	74	73	55		
22	19	上田　慎一	73	30	53		
23	20	安田　恭子	72	71	51		
24	21	吉村　大樹	71	70	49		
25	22	平田　秀明	70	69	47		
26	23	中村　美紗	69	68	45		
27	24	谷口　弘樹	68	55	43		
28	25	村田　雄輝	67	20	41		
29	26	上原　有紀	89	100	97		
30	27	井上　桃子	65	15	37		
31	28	夏川　彩菜	92	95	89		
32	29	吉田　千亜妃	63	62	33		
33	30	田村　すずえ	62	40	90		

成績表

HINT

- ●タイトル：フォント**「MSPゴシック」**・フォントの色**「緑、アクセント6」**
- ●タイトルの**「試験結果」**：フォントサイズ**「18」**
- ●罫線：色**「緑、アクセント6」**
- ●項目：太字・塗りつぶしの色**「緑、アクセント6、白+基本色60%」**
- ●B列：最適値の列の幅

Advice

- セルを編集状態にすると、セル内の一部の文字列に対して書式を設定できます。

※ブックに「Lesson10」と名前を付けて保存しましょう。
「Lesson18」で使います。

E 第1章
Lesson 11

難易度 ★★★

セミナーアンケート結果

標準解答

OPEN
新しいブック

あなたは、職業体験セミナーのアンケート結果の一覧を作成することになりました。
次のように、表を作成しましょう。

	A	B	C	D	E	F	G
1	体験セミナーアンケート結果						
2							
3	回答者	性別	お店の数	体験時間	感想	次回のイベント	
4	T050	男	多い	長い	つまらない	不参加	
5	T051	女	普通	普通	楽しい	参加	
6	T052	女	少ない	長い	楽しい	参加	
7	T053	女	少ない	短い	楽しい	参加	
8	T054	男	少ない	長い	楽しい	参加	
9	T055	女	多い	普通	楽しい	参加	
10	T056	女	少ない	長い	楽しい	参加	
11	T057	男	多い	長い	つまらない	不参加	
12	T058	女	普通	長い	楽しい	参加	
13	T059	男	多い	普通	楽しい	参加	
14	T060	男	普通	長い	楽しい	不参加	
15	T061	男	少ない	短い	つまらない	不参加	
16	T062	女	多い	短い	つまらない	不参加	
17	T063	男	普通	普通	楽しい	参加	
18	T064	女	普通	普通	楽しい	参加	
19	T065	女	少ない	長い	楽しい	参加	
20	T066	女	多い	短い	楽しい	参加	
21	T067	女	少ない	普通	楽しい	参加	
22	T068	女	多い	普通	楽しい	参加	
23	T069	女	多い	普通	楽しい	不参加	
24	T070	女	普通	普通	楽しい	参加	
25	T071	女	多い	普通	楽しい	参加	
26							

HINT

- ●タイトル　　：フォントサイズ「**16**」・太字
- ●項目　　：太字・塗りつぶしの色「**青、アクセント5、白+基本色60%**」
- ●B列～F列　　：最適値の列の幅

※ブックに「Lesson11」と名前を付けて保存しましょう。
「Lesson23」で使います。

Excel編

第2章

数式と関数を使いこなして計算する

E 第2章

Lesson 12 売上一覧表

難易度 ★★★

標準解答

OPEN

Lesson3

あなたは食料品店のスタッフで、売上の一覧表を作成しています。
次のように、数式を入力しましょう。

売上一覧表

番号	日付	店名	担当者	商品名	分類	単価	数量	売上高
1	6月1日	原宿	鈴木大河	ダージリン	紅茶	1,200	30	36,000
2	6月2日	新宿	有川修二	キリマンジャロ	コーヒー	1,000	30	30,000
3	6月3日	新宿	有川修二	ダージリン	紅茶	1,200	20	24,000
4	6月4日	新宿	竹田誠一	ダージリン	紅茶	1,200	50	60,000
5	6月5日	新宿	河上友也	アップル	紅茶	1,600	40	64,000
6	6月5日	渋谷	木村健三	アップル	紅茶	1,600	20	32,000
7	6月8日	原宿	鈴木大河	ダージリン	紅茶	1,200	10	12,000
8	6月10日	品川	畑山圭子	キリマンジャロ	コーヒー	1,000	20	20,000
9	6月11日	新宿	有川修二	アールグレイ	紅茶	1,000	50	50,000
10	6月12日	原宿	鈴木大河	アールグレイ	紅茶	1,000	50	50,000
11	6月12日	品川	佐藤貴子	オリジナルブレンド	コーヒー	1,800	20	36,000
12	6月16日	渋谷	林一郎	キリマンジャロ	コーヒー	1,000	30	30,000
13	6月17日	新宿	竹田誠一	キリマンジャロ	コーヒー	1,000	20	20,000
14	6月18日	原宿	杉山恵美	キリマンジャロ	コーヒー	1,000	10	10,000
15	6月22日	渋谷	木村健三	アールグレイ	紅茶	1,000	40	40,000
16	6月23日	品川	畑山圭子	アールグレイ	紅茶	1,000	50	50,000
17	6月24日	渋谷	林一郎	モカ	コーヒー	1,500	20	30,000
18	6月29日	新宿	有川修二	モカ	コーヒー	1,500	10	15,000
19	7月1日	品川	佐藤貴子	モカ	コーヒー	1,500	45	67,500
20	7月6日	原宿	鈴木大河	オリジナルブレンド	コーヒー	1,800	30	54,000
21	7月8日	渋谷	木村健三	アールグレイ	紅茶	1,000	20	20,000
22	7月9日	原宿	鈴木大河	ダージリン	紅茶	1,200	10	12,000
23	7月10日	原宿	鈴木大河	アールグレイ	紅茶	1,000	50	50,000
24	7月13日	品川	畑山圭子	モカ	コーヒー	1,500	30	45,000
25	7月14日	品川	佐藤貴子	モカ	コーヒー	1,500	50	75,000
26	7月15日	渋谷	林一郎	オリジナルブレンド	コーヒー	1,800	30	54,000
27	7月16日	新宿	河上友也	アップル	紅茶	1,600	50	80,000
28	7月17日	渋谷	林一郎	キリマンジャロ	コーヒー	1,000	40	40,000
29	7月20日	新宿	河上友也	アールグレイ	紅茶	1,000	30	30,000
30	7月21日	原宿	杉山恵美	キリマンジャロ	コーヒー	1,000	20	20,000
31	7月22日	原宿	杉山恵美	モカ	コーヒー	1,500	10	15,000
32	7月23日	渋谷	木村健三	アールグレイ	紅茶	1,000	20	20,000
33	7月24日	品川	畑山圭子	アールグレイ	紅茶	1,000	50	50,000
34	7月24日	品川	佐藤貴子	モカ	コーヒー	1,500	40	60,000
35	7月28日	新宿	竹田誠一	オリジナルブレンド	コーヒー	1,800	30	54,000
36	7月29日	新宿	有川修二	モカ	コーヒー	1,500	20	30,000
37	7月30日	原宿	杉山恵美	キリマンジャロ	コーヒー	1,000	10	10,000
38	7月31日	渋谷	木村健三	アールグレイ	紅茶	1,000	20	20,000

売上表

HINT

- 桁区切りスタイル
- スピル

Advice

- **「スピル」**を使ってセル範囲を参照する数式を入力すると、数式をコピーしなくても隣接するセル範囲に結果が表示されます。
- セル範囲を指定する場合、例えばセル**【A1】**からセル**【A10】**を指定するには、**「A1:A10」**のように**「:」**で続けて記述します。

※ブックに「Lesson12」と名前を付けて保存しましょう。
「Lesson25」、「Lesson38」、「Lesson40」、「Lesson41」、「Lesson42」で使います。

難易度 ★☆☆

売上集計表

標準解答

OPEN

Lesson4

あなたは飲食店のスタッフで、弁当の売上を集計した表を作成しています。
次のように、数式と関数を入力しましょう。

	A	B	C	D	E	F	G	H	I
1	週替わり弁当売上表								
2									
3	販売数								
4								単位：個	
5		駅前店	学園前店	公園前店	高松店	並木通店	ポプラ店	合計	
6	第1週	195	80	55	48	55	102	535	
7	第2週	160	120	80	78	47	121	606	
8	第3週	120	100	60	54	65	95	494	
9	第4週	100	53	75	60	98	84	470	
10	合計	575	353	270	240	265	402	2,105	
11									
12									
13	売上額								
14									
15	単価	¥580							
16								単位：円	
17		駅前店	学園前店	公園前店	高松店	並木通店	ポプラ店	合計	
18	第1週	113,100	46,400	31,900	27,840	31,900	59,160	310,300	
19	第2週	92,800	69,600	46,400	45,240	27,260	70,180	351,480	
20	第3週	69,600	58,000	34,800	31,320	37,700	55,100	286,520	
21	第4週	58,000	30,740	43,500	34,800	56,840	48,720	272,600	
22	合計	333,500	204,740	156,600	139,200	153,700	233,160	1,220,900	
23									
24									
25									
26									

Sheet1

HINT

- ●桁区切りスタイル
- ●セル【A15】　：セル【B17】と同じ書式
- ●通貨表示形式
- ●絶対参照
- ●H列　：最適値の列の幅

Advice

- 縦横の合計を一度に求めると効率的です。
- 販売数の表をコピーして、売上額の表を作成すると効率的です。
- 単価の行は空白行を挿入して作成します。行を挿入すると、上の行の書式がコピーされますが、挿入オプションを使ってクリアできます。
- ほかのセルと同じ書式を設定する場合、（書式のコピー/貼り付け）を使うと効率的です。
- **「$」**は直接入力してもかまいませんが、F4を使うと簡単に入力できます。
  F4を連続して押すと、**「B15」**（行列ともに固定）、**「B$15」**（行だけ固定）、**「$B15」**（列だけ固定）、**「B15」**（固定しない）の順番で切り替わります。

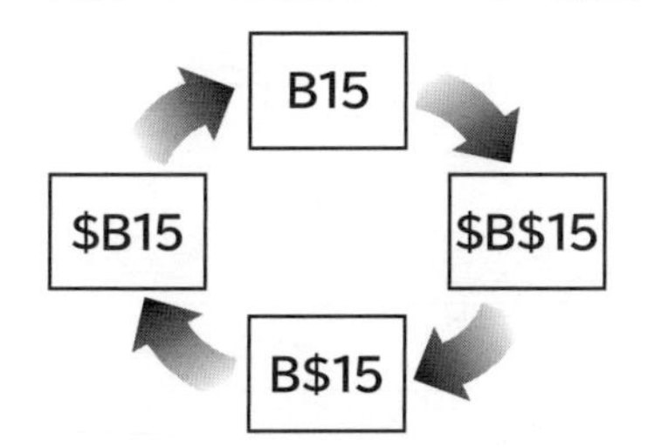

※ブックに「Lesson13」と名前を付けて保存しましょう。「Lesson26」と「Lesson30」で使います。

難易度 ★★★

Lesson 14 お見積書

標準解答

OPEN

Lesson9

あなたは家具販売店のスタッフで、見積書を作成しています。
次のように、数式と関数を入力しましょう。

	A	B	C	D	E	F
1					2024年4月1日	
2					No.0100	
3	お見積書					
4						
5	お名前	高島恵子　様				
6	ご住所	東京都杉並区清水X-X-X				
7	お電話番号	03-3311-XXXX				
8				エフオーエム家具株式会社		
9				登録番号　T1234567890123		
10				〒212-0014		
11				神奈川県川崎市幸区大宮町X-X		
12				03-5401-XXXX		
13						
14	平素よりご用命を賜りまして厚く御礼申し上げます。					
15	以下のとおり、お見積りさせていただきます。					
16						
17						
18	合計金額	¥69,740				
19						
20	明細					
21	商品番号	商品名	販売価格	数量	金額	
22	1031	パソコンローデスク	¥19,800	1	¥19,800	
23	2011	座椅子	¥10,000	1	¥10,000	
24	2032	OAチェア（肘掛け付き）	¥16,800	2	¥33,600	
25						
26						
27			小計		¥63,400	
28			消費税	10%	¥6,340	
29			合計		¥69,740	
30						
31						

お見積書　商品リスト　+

	A	B	C	D	E	F
1	<商品リスト>					
2						
3	商品番号	商品名	販売価格			
4	1031	パソコンローデスク	¥19,800			
5	1032	木製パソコンデスク	¥59,800			
6	2011	座椅子	¥10,000			
7	2031	OAチェア	¥12,800			
8	2032	OAチェア（肘掛け付き）	¥16,800			
9						
10						
11						

お見積書　商品リスト　＋

HINT

新しいシート「商品リスト」の挿入

シート「商品リスト」

●項目　：セルのスタイル**「薄い灰色、20%-アクセント3」**・太字
●通貨表示形式
●B列　：最適値の列の幅

シート「お見積書」

●セル**【E1】**　：本日の日付を表示
●商品名と販売価格：商品番号を入力すると、商品リストを参照して商品名と販売価格を表示
ただし、商品番号が未入力の場合は何も表示しない
●金額　：商品番号が未入力の場合は何も表示しない
●セル**【B18】**　：明細の合計を表示
●通貨表示形式

Advice

- 本日の日付を表示する関数は、**「=TODAY()」**です。
- コードや番号をもとに参照用の表から該当するデータを検索し、表示する関数は、**「=VLOOKUP(検索値，範囲，列番号，検索方法)」**です。
- 商品番号が未入力の場合に何も表示しないようにするには、**「""」**を指定します。

※ブックに「Lesson14」と名前を付けて保存しましょう。
「Lesson20」で使います。

難易度 ★★★

Lesson 15 模擬試験成績表

標準解答

OPEN
Lesson6

あなたは教員で、クラスの模擬試験の成績表を作成しています。
次のように、関数を入力しましょう。

模擬試験成績表

10月13日実施

氏名	国語	数学	英語	合計	評価	順位
大木　香織	63	75	86	224	優	2
山城　健	74	63	64	201	優	5
中田　健司	55	60	66	181	良	9
久賀　慶	62	60	50	172	可	14
牧野　弘一	97	70	89	256	優	1
富田　詩織	55	60	58	173	可	13
栗原　真紀	60	96	50	206	優	4
佐藤　ゆかり	70	55	62	187	良	7
関口　良	64	63	50	177	良	11
松野　浩二	55	53	64	172	可	14
浅見　真人	58	65	98	221	優	3
佐々木　純	60	60	60	180	良	10
吉本　俊哉	70	57	62	189	良	6
芝　総一郎	55	70	58	183	良	8
清水　由子	64	52	60	176	良	12
平均	64.1	63.9	65.1	193.2		
最高	97	96	98	256		
最低	55	52	50	172		

氏名	順位
山城　健	5

成績表　成績順

氏名	国語	数学	英語	合計	評価	順位
牧野　弘一	97	70	89	256	優	1
大木　香織	63	75	86	224	優	2
浅見　真人	58	65	98	221	優	3
栗原　真紀	60	96	50	206	優	4
山城　健	74	63	64	201	優	5
吉本　俊哉	70	57	62	189	良	6
佐藤　ゆかり	70	55	62	187	良	7
芝　総一郎	55	70	58	183	良	8
中田　健司	55	60	66	181	良	9
佐々木　純	60	60	60	180	良	10
関口　良	64	63	50	177	良	11
清水　由子	64	52	60	176	良	12
富田　詩織	55	60	58	173	可	13
久賀　慶	62	60	50	172	可	14
松野　浩二	55	53	64	172	可	14

成績表　成績順

HINT

シート「成績表」

●平均：小数点以下第1位の表示形式

●評価：合計が200点以上であれば**「優」**、175点以上であれば**「良」**、174点以下であれば**「可」**を表示

●順位：**「合計」**の得点が高い順に順位を表示
　ただし、同じ得点の場合は、同じ順位として最上位の順位を表示

新しいシート「成績順」の挿入

シート「成績順」

●シート**「成績表」**の表の順位が上から1～14になるように並べ替えて表示

●A列：最適値の列の幅

Advice

- 複数の条件を順番に判断し、条件に応じて異なる結果を表示する関数は、**「=IFS(論理式1，値が真の場合1，論理式2，値が真の場合2，･･･，TRUE,当てはまらなかった場合)」**です。
- 順位を求める関数には、**「RANK.EQ関数」**と**「RANK.AVG関数」**があります。同順位の場合に最上位の順位を表示する場合は**「=RANK.EQ(数値，参照，順序)」**、平均値を表示する場合は**「=RANK.AVG(数値，参照，順序)」**を使います。
- 数式をコピーするときは、表の体裁がくずれないように（オートフィルオプション）を使います。
- 検索し、表示する関数は、**「=XLOOKUP(検索値,検索範囲,戻り範囲)」**です。
- 表を並べ替える関数は、**「=SORT(範囲,基準とする列,順序)」**です。

※ブックに「Lesson15」と名前を付けて保存しましょう。
「Lesson24」と「Lesson31」で使います。

難易度 ★★☆

Lesson 16 商品券発行リスト

標準解答

OPEN

Lesson7

あなたは小売店のスタッフで、商品券の発行リストを作成しています。
次のように、関数を入力しましょう。

	A	B	C	D	E	F	G
1	商品券発行リスト						
2							
3	◆お客様リスト◆				◆換算表◆		
4	（購入金額に応じた商品券金額）						
5	氏名	購入金額	商品券		購入金額	商品券	
6	伊藤　義男	152,000	0		0	0	20万円未満
7	今村　まゆ	356,000	2,500		200,000	1,000	20万円以上30万円未満
8	岡山　奈津	541,000	4,000		300,000	2,500	30万円以上50万円未満
9	川原　英樹	290,000	1,000		500,000	4,000	50万円以上70万円未満
10	小林　啓三	620,000	4,000		700,000	5,500	70万円以上
11	坂本　征二	98,000	0				
12	白井　達也	501,000	4,000				
13	鈴木　明子	256,000	1,000				
14	高田　みゆき	740,000	5,500				
15	辻井　夏帆	85,000	0				
16	花岡　健一郎	350,000	2,500				
17	舟木　香奈子	191,000	0				
18	松村　文代	821,000	5,500				
19	森下　和幸	520,000	4,000				
20	山本　創	475,000	2,500				
21							

HINT

- ●商品券：購入金額を入力すると、換算表を参照して購入金額に応じた商品券の金額を表示
- ●桁区切りスタイル

Advice

- VLOOKUP関数の検索方法を「TRUE」にすると、検索値の近似値を表示できます。

※ブックに「Lesson16」と名前を付けて保存しましょう。

難易度 ★★★

Lesson 17 スケジュール表

標準解答

OPEN

Lesson5

あなたは、家族で使用するスケジュール表を作成しています。
次のように、数式と関数を入力しましょう。

	A	B	C	D	E	F	G
1							
2					2024	年	
3					12	月	
4							
5	日付	曜日	予定				
6			みんな	父	母	私	
7	12月1日	日					
8	12月2日	月					
9	12月3日	火					
10	12月4日	水					
11	12月5日	木					
12	12月6日	金					
13	12月7日	土					
14	12月8日	日					
15	12月9日	月					
16	12月10日	火					
17	12月11日	水					
18	12月12日	木					
19	12月13日	金					
20	12月14日	土					
21	12月15日	日					
22	12月16日	月					
23	12月17日	火					
24	12月18日	水					
25	12月19日	木					
26	12月20日	金					
27	12月21日	土					
28	12月22日	日					
29	12月23日	月					
30	12月24日	火					
31	12月25日	水					
32	12月26日	木					
33	12月27日	金					
34	12月28日	土					
35	12月29日	日					
36	12月30日	月					
37	12月31日	火					
38							

Advice

- 日付を求める関数は、**「=DATE(年, 月, 日)」**です。年はセル**【E2】**、月はセル**【E3】**、日は1日を表示するため**「1」**を指定します。
- **「曜日」**は、関数を使ってA列の日付の表示形式を変更した結果をB列に表示します。値に表示形式を設定する関数は、**「=TEXT(値, 表示形式)」**です。日付を**「月」「火」**などの形式の曜日で表示する場合、表示形式は**「"aaa"」**を指定します。

※ブックに「Lesson17」と名前を付けて保存しましょう。

Lesson 18 試験結果

難易度 ★★★

標準解答

OPEN

E Lesson10

あなたは教員で、10月の試験結果の一覧を作成しています。
次のように、関数を入力しましょう。

試験結果(10月)

生徒番号	氏名	国語	英語	小論文	合計
1	佐藤　結衣	73	40	89	202
2	浜崎　愛美	50	25	87	162
3	中岡　早紀	45	20	85	150
4	江原　香	30	87	45	162
5	佐々木　理紗	87	86	81	254
6	中田　優香	40	35	79	154
7	内田　恵	40	84	77	201
8	伊東　麻里	84	83	40	207
9	内村　雅和	40	40	25	105
10	矢野　伸輔	25	30	20	75
11	若村　隆司	90	92	95	277
12	岡田　祐樹	25	25	35	85
13	高田　浩之	79	78	65	222
14	篠田　伸吾	19	15	25	59
15	大木　祐輔	35	76	61	172
16	岡村　亮介	76	75	59	210
17	加藤　良孝	75	74	57	206
18	中田　涼子	74	73	55	202
19	上田　慎一	73	30	53	156
20	安田　恭子	72	71	51	194
21	吉村　大樹	71	70	49	190
22	平田　秀明	70	69	47	186
23	中村　美紗	69	68	45	182
24	谷口　弘樹	68	55	43	166
25	村田　雄輝	67	20	41	128
26	上原　有紀	89	100	97	286
27	井上　桃子	65	15	37	117
28	夏川　彩菜	92	95	89	276
29	吉田　千亜妃	63	62	33	158
30	田村　すずえ	62	40	90	192

科目別最高点

科目	最高点	氏名
国語	92	夏川　彩菜
英語	100	上原　有紀
小論文	97	上原　有紀

成績表

HINT

- ●科目別最高点の最高点：各科目の最高点を表示
- ●科目別最高点の氏名　：最高点を取得した氏名を表示
- ●J列　：最適値の列の幅
- ●科目別最高点の罫線　：色**「緑、アクセント6」**
- ●科目別最高点の項目　：太字・塗りつぶしの色**「緑、アクセント6、白+基本色60%」**

Advice

- 国語の最高点の氏名は、XMATCH関数を使ってセル範囲**【C4：C33】**の最高点を検索し、その位置を求めます。さらに、INDEX関数を使って、セル範囲**【B4：B33】**の中からXMATCH関数で求めた位置にあるデータを参照して表示します。
- INDEX関数は、**「=INDEX(配列，行番号，列番号)」**です。列番号は省略できます。
- XMATCH関数は、**「=XMATCH(検索値，検索範囲)」**です。

※ブックに「Lesson18」と名前を付けて保存しましょう。
「Lesson32」で使います。

Excel編

第3章

入力規則を使って入力ミスを防ぐ

E 第3章
Lesson 19

難易度 ★★★

案内状

標準解答

OPEN
E Lesson8

あなたは不動産会社に勤務しており、顧客に新築マンションの案内状を作成しています。
次のように、入力規則を設定しましょう。

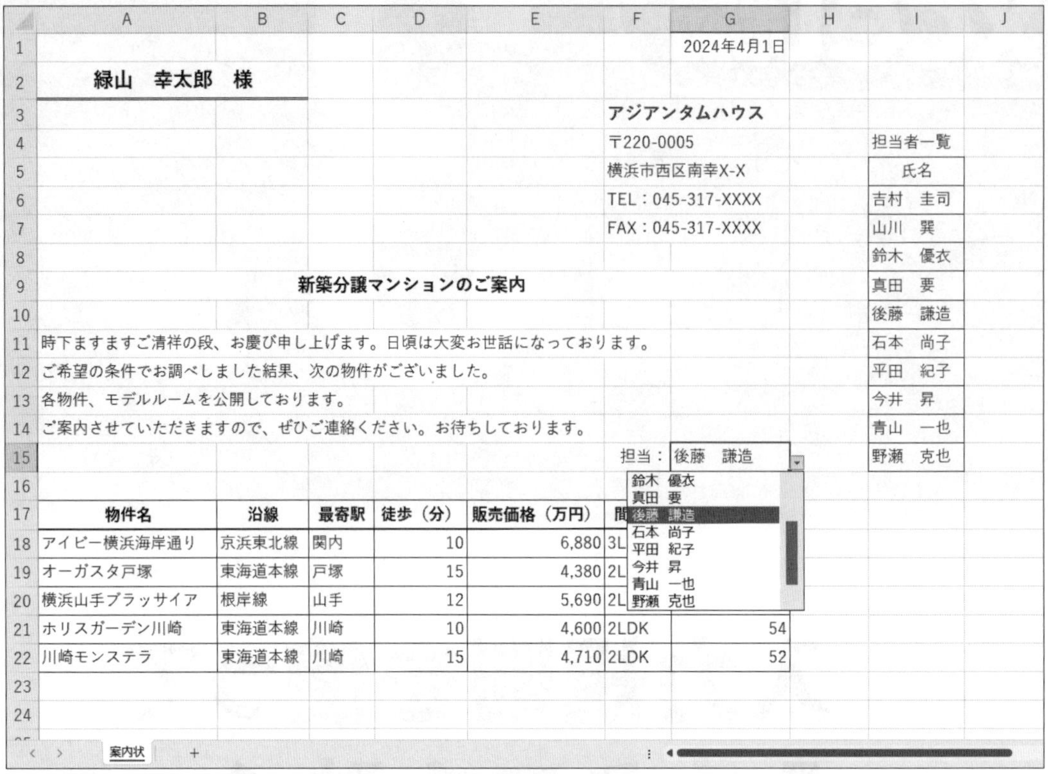

	A	B	C	D	E	F	G	H	I	J
1							2024年4月1日			
2	緑山　幸太郎　様									
3						アジアンタムハウス				
4						〒220-0005			担当者一覧	
5						横浜市西区南幸X-X			氏名	
6						TEL：045-317-XXXX			吉村　圭司	
7						FAX：045-317-XXXX			山川　巽	
8									鈴木　優衣	
9			新築分譲マンションのご案内						真田　要	
10									後藤　謙造	
11	時下ますますご清祥の段、お慶び申し上げます。日頃は大変お世話になっております。								石本　尚子	
12	ご希望の条件でお調べしました結果、次の物件がございました。								平田　紀子	
13	各物件、モデルルームを公開しております。								今井　昇	
14	ご案内させていただきますので、ぜひご連絡ください。お待ちしております。								青山　一也	
15						担当：	後藤　謙造		野瀬　克也	
16						鈴木　優衣 真田　要 後藤　謙造 石本　尚子 平田　紀子 今井　昇 青山　一也 野瀬　克也				
17	物件名	沿線	最寄駅	徒歩（分）	販売価格（万円）	間				
18	アイビー横浜海岸通り	京浜東北線	関内	10	6,880	3L				
19	オーガスタ戸塚	東海道本線	戸塚	15	4,380	2L				
20	横浜山手プラッサイア	根岸線	山手	12	5,690	2L				
21	ホリスガーデン川崎	東海道本線	川崎	10	4,600	2LDK	54			
22	川崎モンステラ	東海道本線	川崎	15	4,710	2LDK	52			
23										
24										

案内状

HINT
- I列　　　：最適値の列の幅
- セル【G15】：入力規則「**リスト**」

Advice
- 入力規則を使って、「**担当者一覧**」の担当者名をリストから選択できるようにします。

※ブックに「Lesson19」と名前を付けて保存しましょう。
「Lesson37」で使います。

Lesson 20 お見積書

難易度 ★★☆

標準解答

OPEN

Lesson14

あなたは家具販売店のスタッフで、見積書を作成しています。
次のように、入力規則を設定しましょう。

	A	B	C	D	E
1					2024年2月13日
2					No.0100
3	お見積書				
4					
5	お名前	高島恵子　様			
6	ご住所	東京都杉並区清水X-X-X			
7	お電話番号	03-3311-XXXX			
8				エフオーエム家具株式会社	
9				登録番号　T1234567890123	
10				〒212-0014	
11				神奈川県川崎市幸区大宮町X-X	
12				03-5401-XXXX	
13					
14	平素よりご用命を賜りまして厚く御礼申し上げます。				
15	以下のとおり、お見積りさせていただきます。				
16					
17					
18	合計金額	¥69,740			
19					
20	明細				
21	商品番号	商品名	販売価格	数量	金額
22	1031	パソコンローデスク	¥19,800	1	¥19,800
23	2011	座椅子	¥10,000	1	¥10,000
24	2032	OAチェア（肘掛け付き）	¥16,800	2	¥33,600
25					
26	商品リストにある商品番号を入力してください。				
27			小計		¥63,400
28			消費税	10%	¥6,340
29			合計		¥69,740
30					

お見積書　商品リスト

	A	B	C	D	E
1					2024年2月13日
2					No.0100
3	お見積書				
4					
5	お名前	高島恵子　様			
6	ご住所	東京都杉並区清水X-X-X			
7	お電話番号	03-3311-XXXX			
8				エフオーエム家具株式会社	
9				登録番号　T1234567890123	
10				〒212-0014	
11				神奈川県川崎市幸区大宮町X-X	
12				03-5401-XXXX	
13					
14	平素よりご用命を賜りまして厚く御礼申し上げます。				
15	以下のとおり、お見積りさせていただきます。				
16					
17					
18	合計金額	¥69,740			
19					
20	明細				
21	商品番号	商品名	販売価格		
22	1031	パソコンローデスク	¥19,8		
23	2011	座椅子	¥10,0		
24	2032	OAチェア（肘掛け付き）	¥16,800	2	¥33,600
25	1030				
26	商品リストにある商品番号を入力してください。				
27			小計		¥63,400
28			消費税	10%	¥6,340
29			合計		¥69,740
30					

商品番号確認

商品リストにある商品番号を入力してください。

再試行(R)　キャンセル　ヘルプ(H)

お見積書　商品リスト

▶シートの保護の確認メッセージ

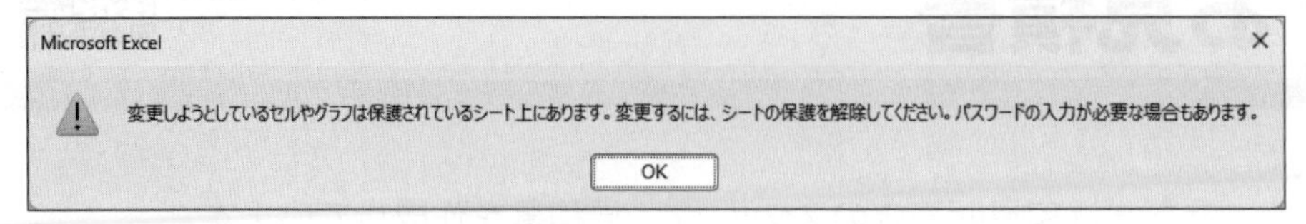

HINT

●セル範囲【A22:A26】：入力規則「**リスト**」
入力リスト「**入力時メッセージ**」
入力規則「**エラーメッセージ**」
●シートの保護　：データを入力するセルだけ編集できるようにする

Advice

- 入力規則を使って、商品リストにある商品番号以外のデータが入力されないように設定します。セルが選択されたときに入力時メッセージを表示し、無効なデータが入力された場合は、エラーメッセージを表示します。
- 編集するセルはロックを解除してから、シートを保護します。

※ブックに「Lesson20」と名前を付けて保存しましょう。
「Lesson36」で使います。

シートを連携して複数の表を操作する

Lesson 21

難易度 ★☆☆

上期売上表

標準解答

OPEN

Lesson1
Lesson2

あなたは楽器店のスタッフで、上半期の売上を集計しています。
次のように、シートを連携しましょう。

東銀座店　売上表

単位：千円

分類	4月	5月	6月	7月	8月	9月	合計	構成比
グランドピアノ	1,500	0	1,250	0	1,250	1,100	5,100	18.9%
アップライトピアノ	425	322	940	1,250	540	984	4,461	16.6%
電子ピアノ	1,510	2,802	4,545	2,015	942	2,311	14,125	52.4%
キーボード	180	156	558	510	256	215	1,875	7.0%
オルガン	120	254	125	250	110	512	1,371	5.1%
合計	3,735	3,534	7,418	4,025	3,098	5,122	26,932	100.0%

東銀座店　新川崎店

新川崎店　売上表

単位：千円

分類	4月	5月	6月	7月	8月	9月	合計	構成比
グランドピアノ	1,250	980	0	0	1,250	2,500	5,980	25.1%
アップライトピアノ	425	258	1,254	1,250	2,005	560	5,752	24.2%
電子ピアノ	650	555	3,502	2,580	1,250	1,258	9,795	41.1%
キーボード	154	258	259	346	471	53	1,541	6.5%
オルガン	156	48	45	120	128	245	742	3.1%
合計	2,635	2,099	5,060	4,296	5,104	4,616	23,810	100.0%

東銀座店　新川崎店

HINT

●グループ：合計を求める
構成比を求める
構成比は小数点以下第1位の表示形式
「単位：千円」の移動
H列～I列の列の幅**「12」**

Advice

- 複数のブック間でシートをコピーするには、Ctrlを押しながら、シート見出しをコピー先のブックまでドラッグします。複数のブックを開いて操作する場合は、並べて表示すると効率的です。
- 構成比は、**「各分類の合計÷全分類の合計」**を使って表示します。

※ブックに「Lesson21」と名前を付けて保存しましょう。
「Lesson22」で使います。

難易度 ★☆☆

上期売上表

標準解答

OPEN

Lesson21

あなたは楽器店のスタッフで、上半期の売上を集計しています。
次のように、シートを連携しましょう。

東銀座店　売上表

単位：千円

分類	4月	5月	6月	7月	8月	9月	合計	構成比
グランドピアノ	1,500	0	1,250	0	1,250	1,100	5,100	18.9%
アップライトピアノ	425	322	940	1,250	540	984	4,461	16.6%
電子ピアノ	1,510	2,802	4,545	2,015	942	2,311	14,125	52.4%
キーボード	180	156	558	510	256	215	1,875	7.0%
オルガン	120	254	125	250	110	512	1,371	5.1%
合計	3,735	3,534	7,418	4,025	3,098	5,122	26,932	100.0%

東銀座店 | 新川崎店 | 上期売上

新川崎店　売上表

単位：千円

分類	4月	5月	6月	7月	8月	9月	合計	構成比
グランドピアノ	1,250	980	0	0	1,250	2,500	5,980	25.1%
アップライトピアノ	425	258	1,254	1,250	2,005	560	5,752	24.2%
電子ピアノ	650	555	3,502	2,580	1,250	1,258	9,795	41.1%
キーボード	154	258	259	346	471	53	1,541	6.5%
オルガン	156	48	45	120	128	245	742	3.1%
合計	2,635	2,099	5,060	4,296	5,104	4,616	23,810	100.0%

東銀座店 | 新川崎店 | 上期売上

上期売上表

単位：千円

分類	4月	5月	6月	7月	8月	9月	合計	構成比
グランドピアノ	2,750	980	1,250	0	2,500	3,600	11,080	21.8%
アップライトピアノ	850	580	2,194	2,500	2,545	1,544	10,213	20.1%
電子ピアノ	2,160	3,357	8,047	4,595	2,192	3,569	23,920	47.1%
キーボード	334	414	817	856	727	268	3,416	6.7%
オルガン	276	302	170	370	238	757	2,113	4.2%
合計	6,370	5,633	12,478	8,321	8,202	9,738	50,742	100.0%

東銀座店 | 新川崎店 | 上期売上

HINT

●シートのコピー

シート「上期売上」

●シート見出し　：色**「ゴールド、アクセント4」**

●シート間の集計

●項目　：塗りつぶしの色**「ゴールド、アクセント4、白+基本色40%」**

Advice

- シート**「新川崎店」**をひな型としてコピーして利用します。
- シート間の集計を使って、シート**「上期売上」**に2シート分を集計します。
- 各シートの列見出しや行見出しなどの構造が同じになっている場合、複数シートの表を集計することができます。

※ブックに「Lesson22」と名前を付けて保存しましょう。
「Lesson27」と「Lesson28」で使います。

Excel編

第5章

条件によって セルに書式を設定する

難易度 ★★★

Lesson 23 セミナーアンケート結果

標準解答

OPEN

Lesson11

あなたは、職業体験セミナーのアンケート結果の一覧を作成しています。
次のように、条件付き書式を設定しましょう。

	A	B	C	D	E	F	G
1	体験セミナーアンケート結果						
2							
3	回答者	性別	お店の数	体験時間	感想	次回のイベント	
4	T050	男	多い	長い	つまらない	不参加	
5	T051	女	普通	普通	楽しい	参加	
6	T052	女	少ない	長い	楽しい	参加	
7	T053	女	少ない	短い	楽しい	参加	
8	T054	男	少ない	長い	楽しい	参加	
9	T055	女	多い	普通	楽しい	参加	
10	T056	女	少ない	長い	楽しい	参加	
11	T057	男	多い	長い	つまらない	不参加	
12	T058	女	普通	長い	楽しい	参加	
13	T059	男	多い	普通	楽しい	参加	
14	T060	男	普通	長い	楽しい	不参加	
15	T061	男	少ない	短い	つまらない	不参加	
16	T062	女	多い	短い	つまらない	不参加	
17	T063	男	普通	普通	楽しい	参加	
18	T064	女	普通	普通	楽しい	参加	
19	T065	女	少ない	長い	楽しい	参加	
20	T066	女	多い	短い	楽しい	参加	
21	T067	女	少ない	普通	楽しい	参加	
22	T068	女	多い	普通	楽しい	参加	
23	T069	女	多い	普通	楽しい	不参加	
24	T070	女	普通	普通	楽しい	参加	
25	T071	女	多い	普通	楽しい	参加	
26							

HINT

●条件付き書式：条件**「次回のイベントが不参加のセル」**・書式**「明るい赤の背景」**

※ブックに「Lesson23」と名前を付けて保存しましょう。
「Lesson33」で使います。

難易度 ★★☆

Lesson 24 模擬試験成績表

標準解答

OPEN

Lesson15

あなたは教員で、クラスの模擬試験の成績表を作成しています。
次のように、条件付き書式を設定しましょう。

	A	B	C	D	E	F	G	H	I	J	K
1	模擬試験成績表										
2											
3	10月13日実施										
4	氏名	国語	数学	英語	合計	評価	順位		氏名	順位	
5	大木　香織	63	75	86	224	優	2		山城　健	5	
6	山城　健	74	63	64	201	優	5				
7	中田　健司	55	60	66	181	良	9				
8	久賀　慶	62	60	50	172	可	14				
9	牧野　弘一	97	70	89	256	優	1				
10	富田　詩織	55	60	58	173	可	13				
11	栗原　真紀	60	96	50	206	優	4				
12	佐藤　ゆかり	70	55	62	187	良	7				
13	関口　良	64	63	50	177	良	11				
14	松野　浩二	55	53	64	172	可	14				
15	浅見　真人	58	65	98	221	優	3				
16	佐々木　純	60	60	60	180	良	10				
17	吉本　俊哉	70	57	62	189	良	6				
18	芝　総一郎	55	70	58	183	良	8				
19	清水　由子	64	52	60	176	良	12				
20	平均	64.1	63.9	65.1	193.2						
21	最高	97	96	98	256						
22	最低	55	52	50	172						
23											
24											

成績表　成績順

HINT

- 条件付き書式：条件**「合計点が平均点以上の氏名」**・書式**「塗りつぶし　オレンジ」**
- 条件付き書式：条件**「評価が優」**・書式**「濃い赤の文字、明るい赤の背景」**
  条件**「評価が可」**・書式**「濃い緑の文字、緑の背景」**

※ブックに「Lesson24」と名前を付けて保存しましょう。

Lesson 25

難易度 ★★☆

売上一覧表

標準解答

OPEN

Lesson12

あなたは食料品店のスタッフで、売上の一覧表を作成しています。
次のように、条件付き書式を設定しましょう。

売上一覧表

番号	日付	店名	担当者	商品名	分類	単価	数量	売上高
1	6月1日	原宿	鈴木大河	ダージリン	紅茶	1,200	30	36,000
2	6月2日	新宿	有川修二	キリマンジャロ	コーヒー	1,000	30	30,000
3	6月3日	新宿	有川修二	ダージリン	紅茶	1,200	20	24,000
4	6月4日	新宿	竹田誠一	ダージリン	紅茶	1,200	50	60,000
5	6月5日	新宿	河上友也	アップル	紅茶	1,600	40	64,000
6	6月5日	渋谷	木村健三	アップル	紅茶	1,600	20	32,000
7	6月8日	原宿	鈴木大河	ダージリン	紅茶	1,200	10	12,000
8	6月10日	品川	畑山圭子	キリマンジャロ	コーヒー	1,000	20	20,000
9	6月11日	新宿	有川修二	アールグレイ	紅茶	1,000	50	50,000
10	6月12日	原宿	鈴木大河	アールグレイ	紅茶	1,000	50	50,000
11	6月12日	品川	佐藤貴子	オリジナルブレンド	コーヒー	1,800	20	36,000
12	6月16日	渋谷	林一郎	キリマンジャロ	コーヒー	1,000	30	30,000
13	6月17日	新宿	竹田誠一	キリマンジャロ	コーヒー	1,000	20	20,000
14	6月18日	原宿	杉山恵美	キリマンジャロ	コーヒー	1,000	10	10,000
15	6月22日	渋谷	木村健三	アールグレイ	紅茶	1,000	40	40,000
16	6月23日	品川	畑山圭子	アールグレイ	紅茶	1,000	50	50,000
17	6月24日	渋谷	林一郎	モカ	コーヒー	1,500	20	30,000
18	6月29日	新宿	有川修二	モカ	コーヒー	1,500	10	15,000
19	7月1日	品川	佐藤貴子	モカ	コーヒー	1,500	45	67,500
20	7月6日	原宿	鈴木大河	オリジナルブレンド	コーヒー	1,800	30	54,000
21	7月8日	渋谷	木村健三	アールグレイ	紅茶	1,000	20	20,000
22	7月9日	原宿	鈴木大河	ダージリン	紅茶	1,200	10	12,000
23	7月10日	原宿	鈴木大河	アールグレイ	紅茶	1,000	50	50,000
24	7月13日	品川	畑山圭子	モカ	コーヒー	1,500	30	45,000
25	7月14日	品川	佐藤貴子	モカ	コーヒー	1,500	50	75,000
26	7月15日	渋谷	林一郎	オリジナルブレンド	コーヒー	1,800	30	54,000
27	7月16日	新宿	河上友也	アップル	紅茶	1,600	50	80,000
28	7月17日	渋谷	林一郎	キリマンジャロ	コーヒー	1,000	40	40,000
29	7月20日	新宿	河上友也	アールグレイ	紅茶	1,000	30	30,000
30	7月21日	原宿	杉山恵美	キリマンジャロ	コーヒー	1,000	20	20,000
31	7月22日	原宿	杉山恵美	モカ	コーヒー	1,500	10	15,000
32	7月23日	渋谷	木村健三	アールグレイ	紅茶	1,000	20	20,000
33	7月24日	品川	畑山圭子	アールグレイ	紅茶	1,000	50	50,000
34	7月24日	品川	佐藤貴子	モカ	コーヒー	1,500	40	60,000
35	7月28日	新宿	竹田誠一	オリジナルブレンド	コーヒー	1,800	30	54,000
36	7月29日	新宿	有川修二	モカ	コーヒー	1,500	20	30,000
37	7月30日	原宿	杉山恵美	キリマンジャロ	コーヒー	1,000	10	10,000
38	7月31日	渋谷	木村健三	アールグレイ	紅茶	1,000	20	20,000

売上表

HINT

●条件付き書式：条件**「売上高が上位5位」**・書式**「濃い黄色の文字、黄色の背景」**
条件**「売上高が下位5位」**・書式**「濃い緑の文字、緑の背景」**
「数量」のデータバー・書式**「塗りつぶし（グラデーション、青のデータバー）」**

※ブックに「Lesson25」と名前を付けて保存しましょう。

グラフを使ってデータを視覚的に表示する

難易度 ★★★

Lesson26 店舗別売上推移

標準解答

OPEN

Lesson13

あなたは飲食店のスタッフで、弁当の店舗別の売上推移を表すグラフを作成することになりました。
次のように、グラフを作成しましょう。

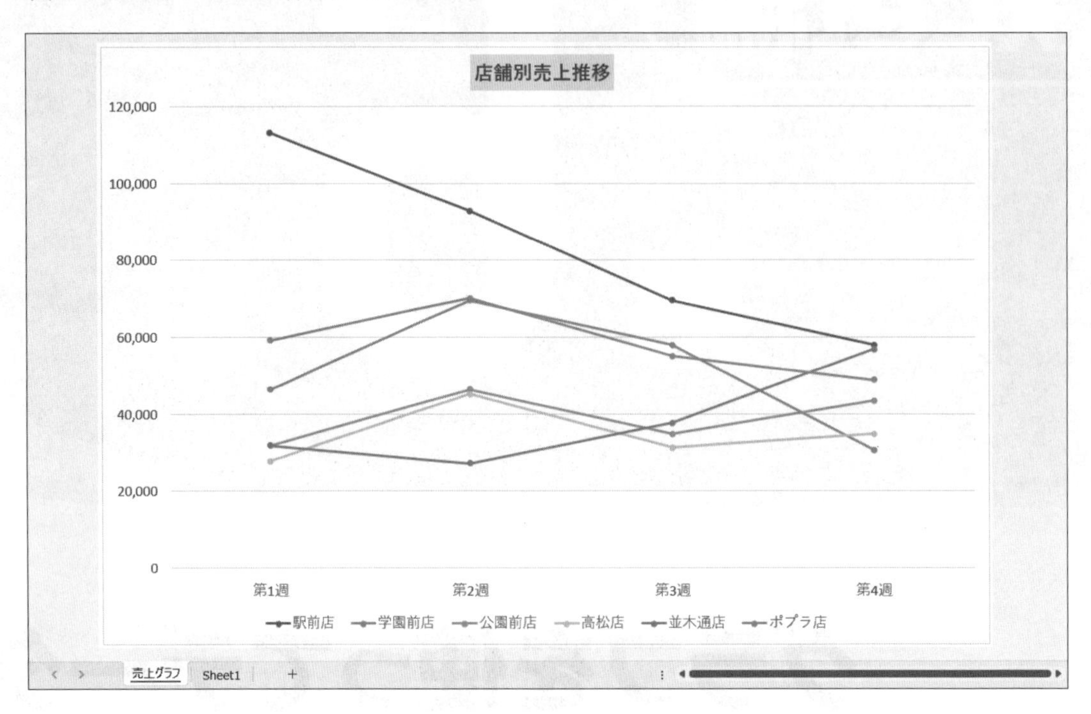

HINT

- ●グラフの場所：新しいシート「**売上グラフ**」
- ●グラフエリア　：フォントサイズ「**12**」
- ●グラフタイトル：フォントサイズ「**16**」・太字
  塗りつぶしの色「**青、アクセント1、白+基本色80%**」

Advice

- 各店の売上額を表す折れ線グラフを作成します。
- グラフを挿入すると、自動的に「**グラフタイトル**」が作成されます。クリックするとカーソルが表示され、グラフタイトルを編集できます。
- グラフタイトルは、《**グラフタイトルの書式設定**》作業ウィンドウを使って塗りつぶしの色を設定できます。

※ブックに「Lesson26」と名前を付けて保存しましょう。

Lesson 27

難易度 ★★★

上期売上グラフ

標準解答

OPEN

E Lesson22

あなたは楽器店のスタッフで、上半期の売上を表すグラフを作成することになりました。次のように、グラフを作成しましょう。

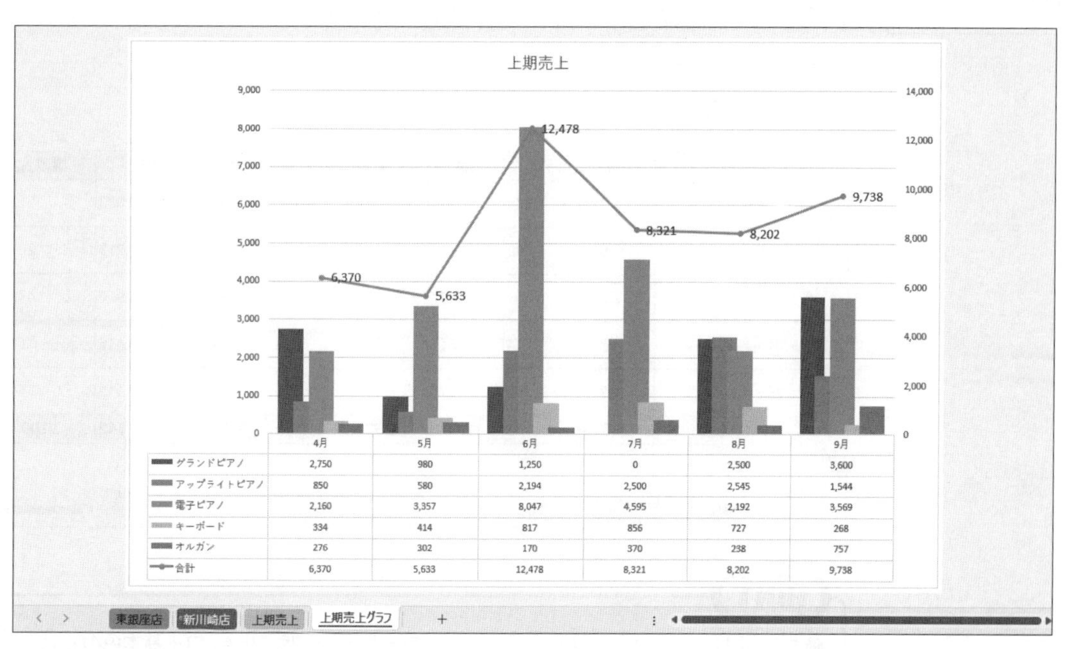

	4月	5月	6月	7月	8月	9月
グランドピアノ	2,750	980	1,250	0	2,500	3,600
アップライトピアノ	850	580	2,194	2,500	2,545	1,544
電子ピアノ	2,160	3,357	8,047	4,595	2,192	3,569
キーボード	334	414	817	856	727	268
オルガン	276	302	170	370	238	757
合計	6,370	5,633	12,478	8,321	8,202	9,738

HINT

- ●複合グラフ　　　：集合縦棒・マーカー付き折れ線
- ●グラフの場所　　：新しいシート**「上期売上グラフ」**
- ●グラフのレイアウト：**「レイアウト10」**
- ●データラベル　　：フォントサイズ**「12」**
- ●データテーブル　：凡例マーカーあり

Advice

- 各分類の売上を表す縦棒グラフと全体の合計を表す折れ線グラフで複合グラフを作成します。
- グラフの下に凡例マーカーのついたデータテーブルを表示します。データテーブルの追加後、既存の凡例は削除します。

※ブックに「Lesson27」と名前を付けて保存しましょう。
「Lesson29」で使います。

難易度 ★★★

Lesson 28 上期売上表

標準解答

OPEN

Lesson22

あなたは楽器店のスタッフで、上半期の売上表に推移を視覚化して追加することになりました。
次のように、スパークラインを作成しましょう。

	A	B	C	D	E	F	G	H	I	J	K
1	上期売上表										
2									単位：千円		
3	分類	4月	5月	6月	7月	8月	9月	合計	構成比	推移	
4	グランドピアノ	2,750	980	1,250	0	2,500	3,600	11,080	21.8%		
5	アップライトピアノ	850	580	2,194	2,500	2,545	1,544	10,213	20.1%		
6	電子ピアノ	2,160	3,357	8,047	4,595	2,192	3,569	23,920	47.1%		
7	キーボード	334	414	817	856	727	268	3,416	6.7%		
8	オルガン	276	302	170	370	238	757	2,113	4.2%		
9	合計	6,370	5,633	12,478	8,321	8,202	9,738	50,742	100.0%		
10											
11											

東銀座店　新川崎店　上期売上

HINT

- ●セル【J3】　：太字・塗りつぶしの色「ゴールド、アクセント4、白＋基本色40%」
- ●セル【J9】　：塗りつぶしの色「ゴールド、アクセント4、白＋基本色40%」
- ●J列　：列の幅「12」
- ●4行目～8行目：行の高さ「33」
- ●スパークライン：スタイル「濃い黄, スパークラインスタイル アクセント4、黒＋基本色50%」
  スパークラインの軸の最小値「すべてのスパークラインで同じ値」
  最大値を強調

※ブックに「Lesson28」と名前を付けて保存しましょう。

難易度 ★★★

上期売上グラフ

標準解答

OPEN

Lesson27

あなたは楽器店のスタッフで、上半期の売上を表すグラフを作成しています。
次のように、グラフを編集しましょう。

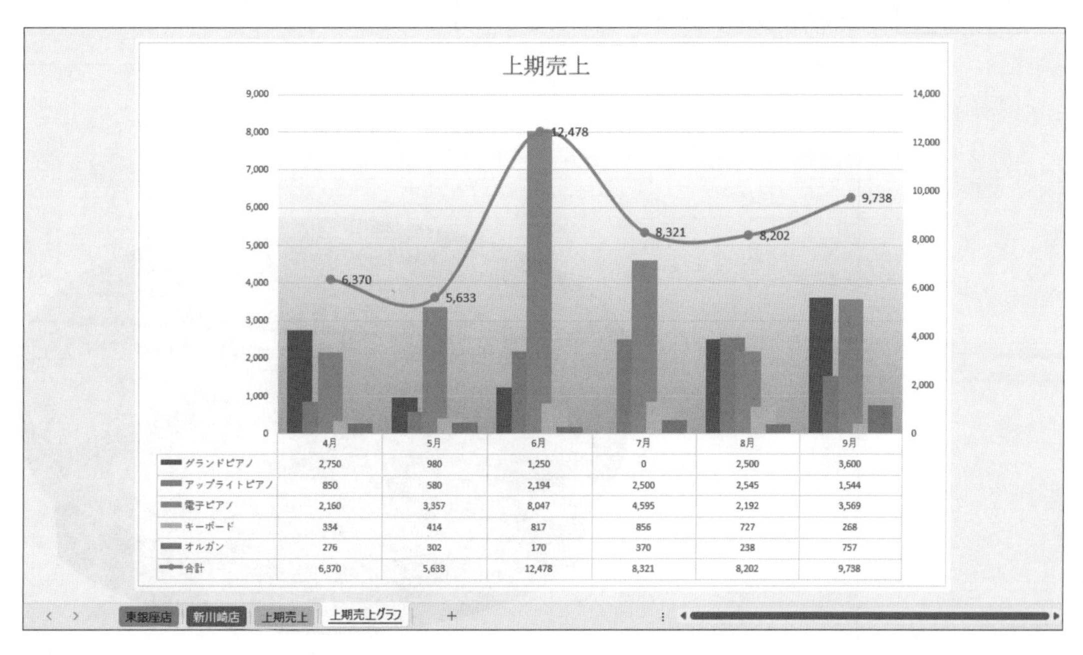

	4月	5月	6月	7月	8月	9月
グランドピアノ	2,750	980	1,250	0	2,500	3,600
アップライトピアノ	850	580	2,194	2,500	2,545	1,544
電子ピアノ	2,160	3,357	8,047	4,595	2,192	3,569
キーボード	334	414	817	856	727	268
オルガン	276	302	170	370	238	757
合計	6,370	5,633	12,478	8,321	8,202	9,738

HINT

- グラフタイトル　：フォント「**MSP明朝**」・フォントサイズ「**20**」
- データ系列（合計）：線の幅「**3pt**」・スムージング・マーカー「**●**」・マーカーのサイズ「**8**」
- プロットエリア　：塗りつぶし（グラデーション）
  線形・下方向・0％地点の分岐点「**白、背景1**」・100％地点の分岐点「**白、背景1、黒＋基本色25％**」

※ブックに「Lesson29」と名前を付けて保存しましょう。
「Lesson34」で使います。

難易度 ★★★

Lesson30 販売数の割合

標準解答

OPEN

Lesson13

あなたは飲食店のスタッフで、弁当の各店の販売数の割合を表すグラフを作成することになりました。
次のように、グラフを作成しましょう。

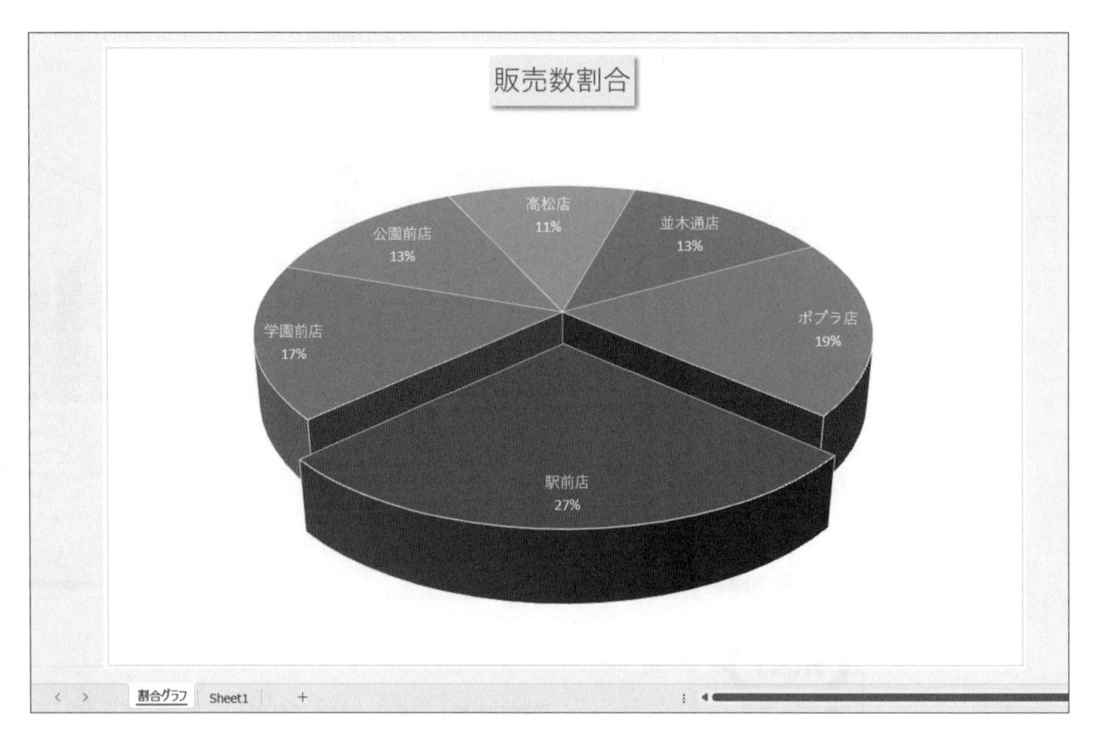

HINT

- ●グラフの場所：新しいシート**「割合グラフ」**
- ●レイアウト　：**「レイアウト1」**
- ●グラフタイトル：フォントサイズ**「22」**
  フォントの色**「オレンジ、アクセント2、黒+基本色50%」**
  塗りつぶしの色**「ゴールド、アクセント4、白+基本色80%」**
  影のスタイル**「オフセット：右下」**
- ●データラベル：フォントサイズ**「12」**・フォントの色**「白、背景1」**
- ●基線位置　：**「130°」**

Advice

- 各店における販売数の合計の割合を表す円グラフを作成します。
- フォントサイズの一覧にないサイズを指定する場合は、14（フォントサイズ）に直接入力します。
- 基線位置を変更すると、円グラフを回転できます。基線位置は、**《データ系列の書式設定》**作業ウィンドウを使って設定できます。

※ブックに「Lesson30」と名前を付けて保存しましょう。

難易度 ★★★

Lesson31 模擬試験成績グラフ

OPEN

Lesson15

あなたは教員で、クラスの模擬試験の点数を表すグラフを作成することになりました。次のように、グラフを作成しましょう。

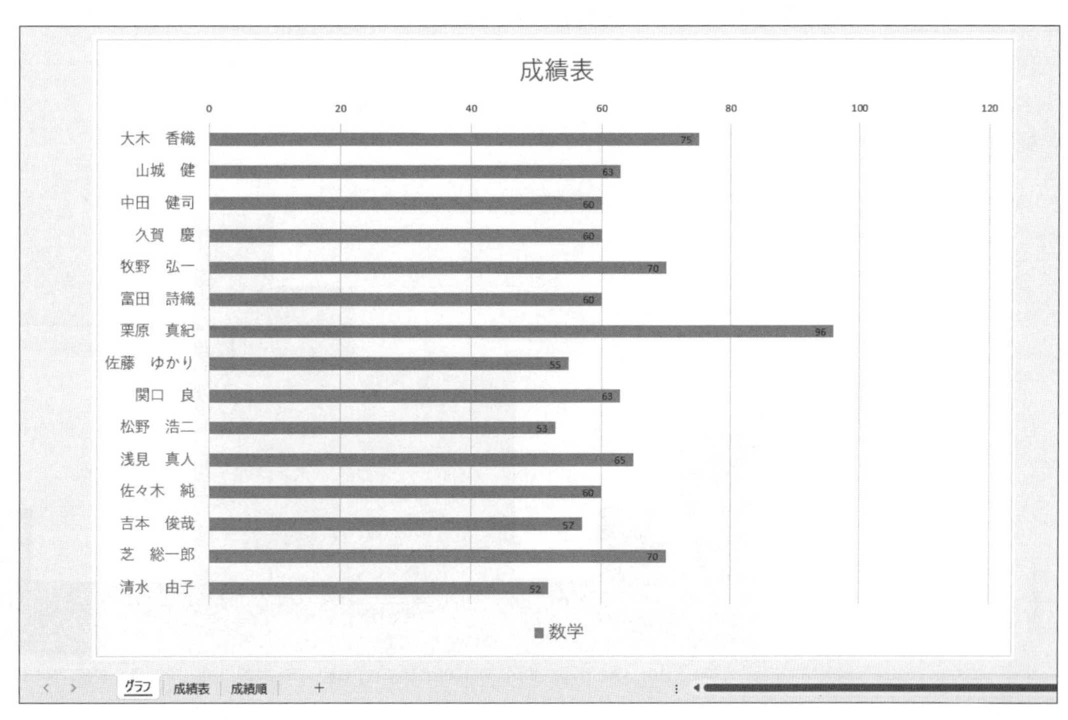

HINT

- ●グラフの場所　：新しいシート「**グラフ**」
- ●グラフタイトル　：フォントサイズ「**20**」
- ●凡例　：フォントサイズ「**14**」
- ●項目軸　：フォントサイズ「**12**」
- ●グラフフィルター：数学のみ表示

Advice

- 各教科の点数を表す積み上げ横棒グラフを作成します。おすすめグラフを使うと、簡単に目的のグラフを作成できます。
- 項目軸を反転させ、表示する順序を変更します。
- 一部のデータ系列のみ表示させる場合は、(グラフフィルター)を使います。

※ブックに「Lesson31」と名前を付けて保存しましょう。

難易度 ★★★

標準解答

Lesson32 試験結果

OPEN

Lesson18

あなたは教員で、10月の試験結果の点数の分布を示すヒストグラムを作成することになりました。
次のように、グラフを作成しましょう。

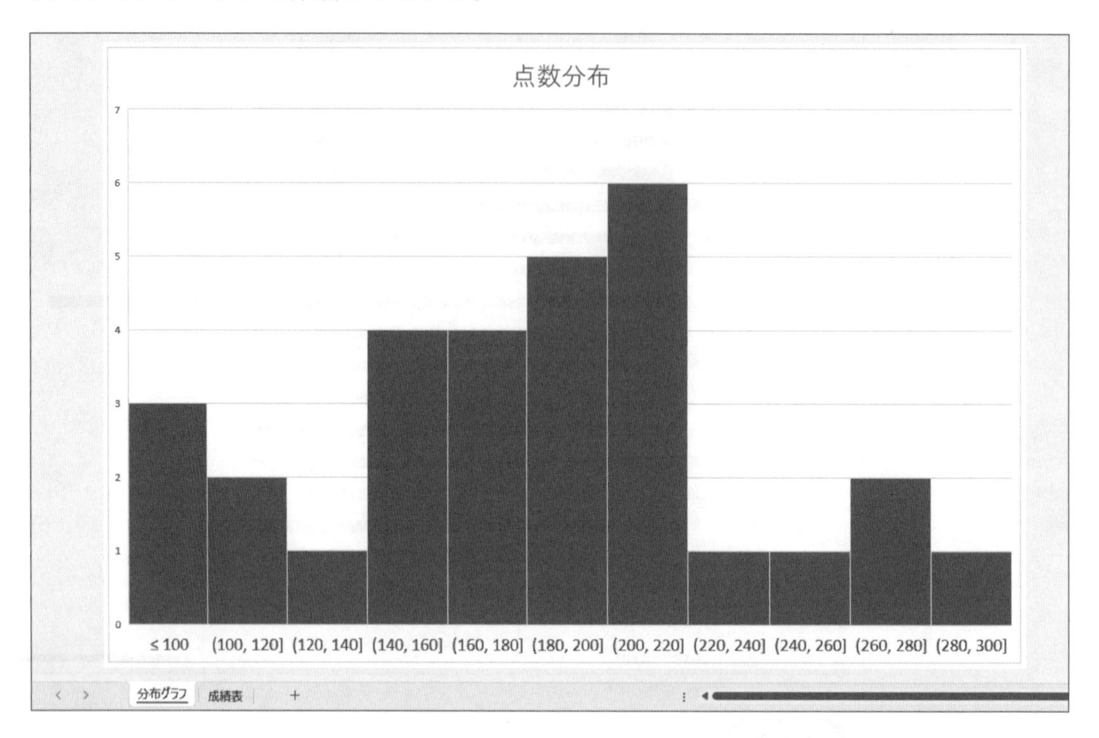

HINT

●グラフの場所 ：新しいシート「**分布グラフ**」
●グラフタイトル：フォントサイズ「**20**」
●横軸 ：ビンの幅「**20**」・ビンのアンダーフロー「**100**」・フォントサイズ「**14**」

Advice

- 合計点の分布を表すヒストグラムを作成します。ヒストグラムは、データの分布を表す統計図の1つで、縦軸に値の数、横軸に値の範囲を取り、各階級に含まれる度数を棒グラフにして並べたものです。
- ヒストグラムのビンとは、区間の幅のことで、間隔や最低値を設定することができます。

※ブックに「Lesson32」と名前を付けて保存しましょう。

Excel編

第7章

グラフィック機能を使って表現力をアップする

難易度 ★★★

Lesson33 セミナーアンケート結果

標準解答

OPEN
Lesson23

あなたは、職業体験セミナーのアンケート結果の一覧を作成しています。
次のように、図形を作成しましょう。

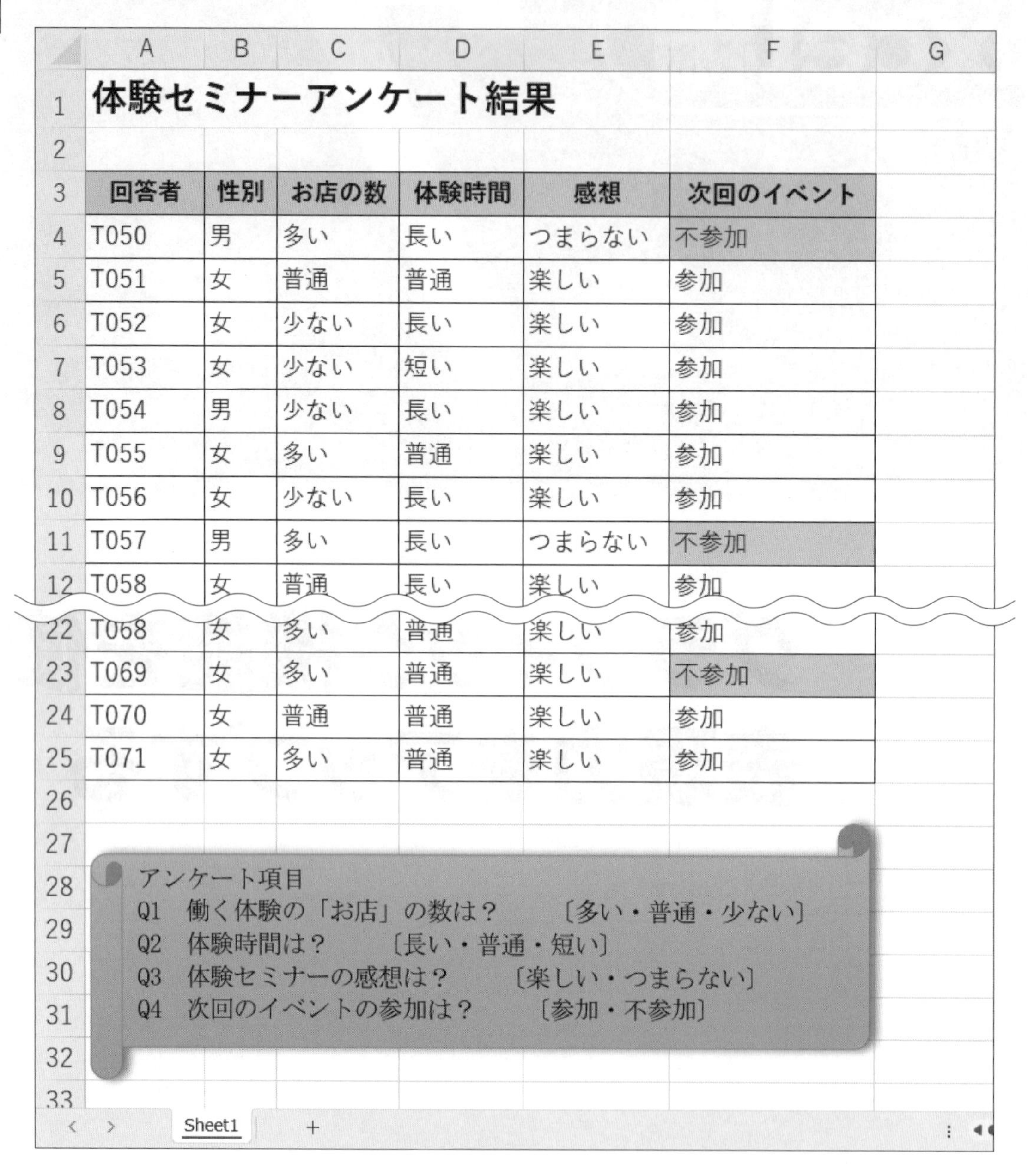

HINT

●図形：**「スクロール：横」**・スタイル**「パステル-青、アクセント5」**・図形の効果**「影　オフセット：右」**
フォント**「MS ゴシック」**

※ブックに「Lesson33」と名前を付けて保存しましょう。
「Lesson39」で使います。

難易度 ★★★

上期売上グラフ

標準解答

OPEN
Lesson29

あなたは楽器店のスタッフで、上半期の売上を表すグラフを作成しています。
次のように、図形を作成しましょう。

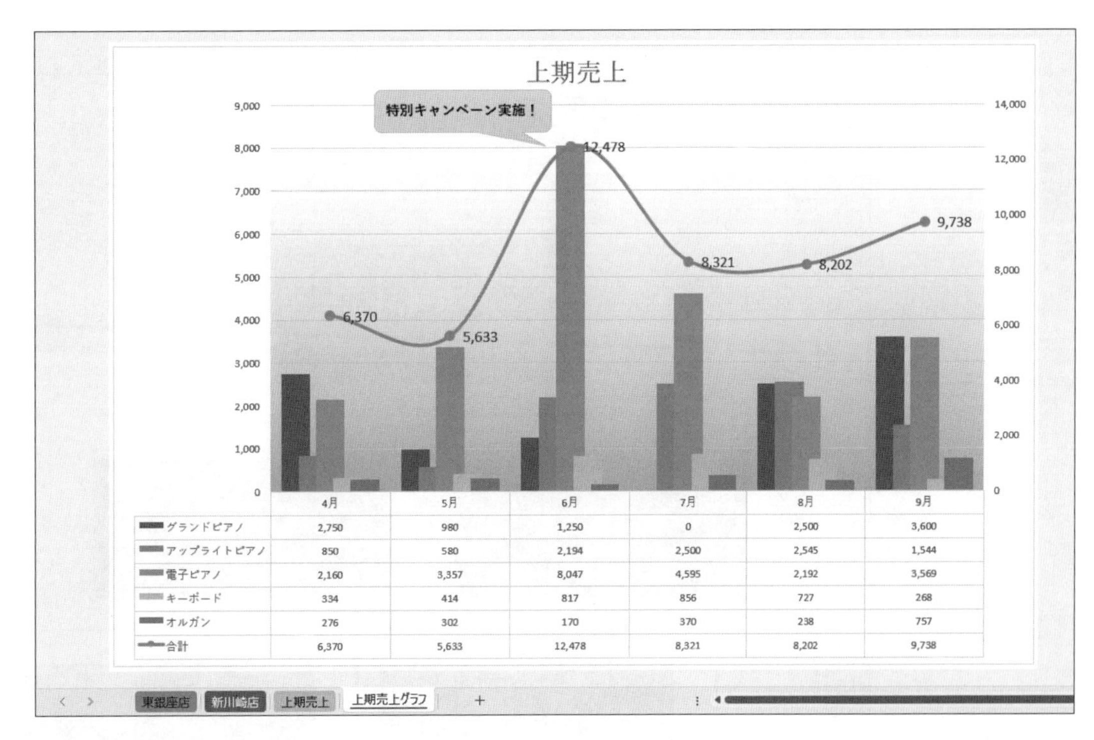

	4月	5月	6月	7月	8月	9月
グランドピアノ	2,750	980	1,250	0	2,500	3,600
アップライトピアノ	850	580	2,194	2,500	2,545	1,544
電子ピアノ	2,160	3,357	8,047	4,595	2,192	3,569
キーボード	334	414	817	856	727	268
オルガン	276	302	170	370	238	757
合計	6,370	5,633	12,478	8,321	8,202	9,738

HINT

●図形：**「吹き出し：角を丸めた四角形」**・スタイル**「パステル-ゴールド、アクセント4」**・太字・
配置**「中央揃え」「上下中央揃え」**

※ブックに「Lesson34」と名前を付けて保存しましょう。

難易度 ★★★

標準解答

Lesson35 体制表

OPEN
新しいブック

あなたは、会社の体制表を作成することになりました。
次のように、SmartArtグラフィックを挿入しましょう。

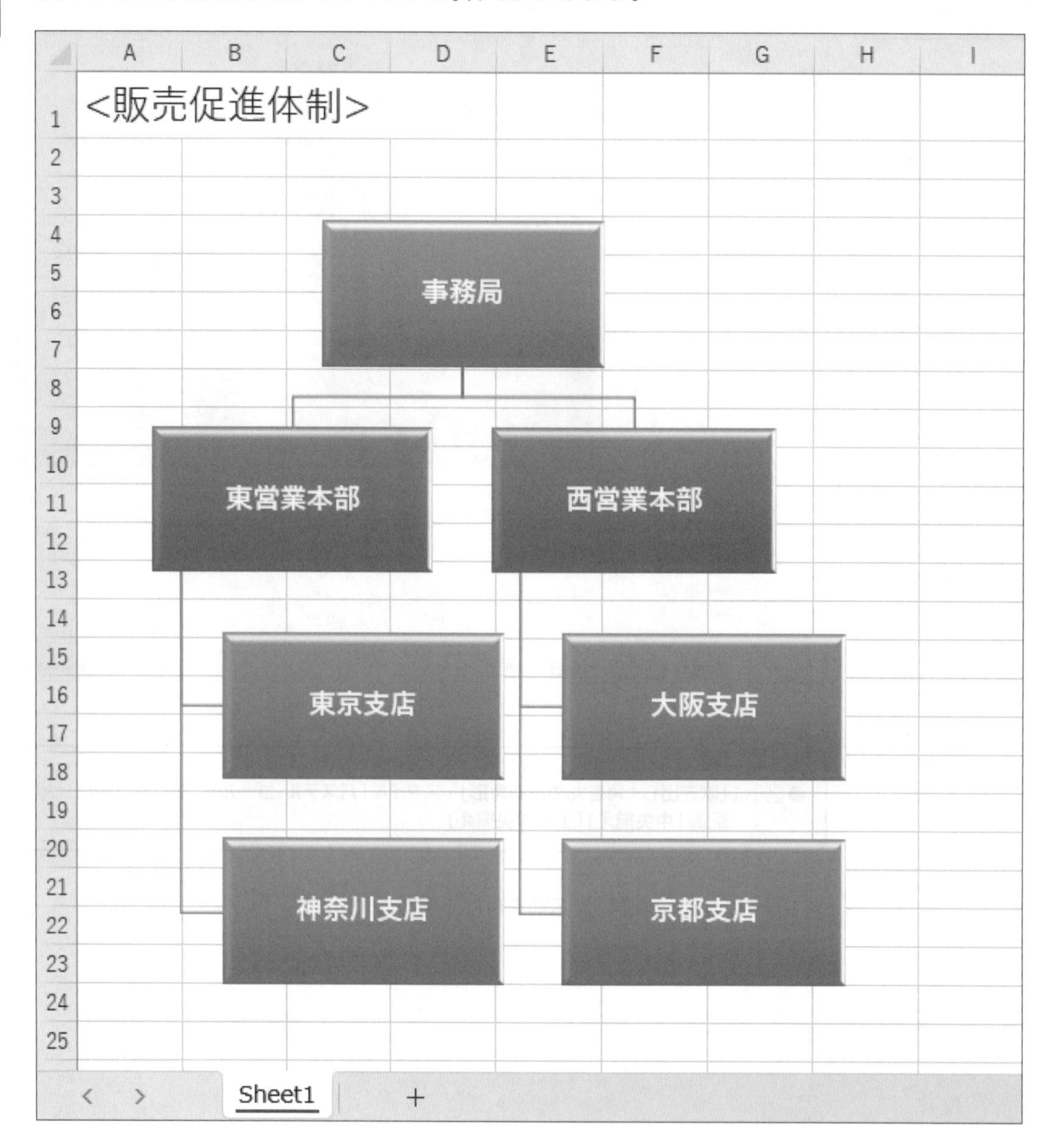

HINT

- タイトル　　　　　　　　　：フォントサイズ「**20**」
- SmartArtグラフィック　　　：「**組織図**」・色「**カラフル-アクセント4から5**」・スタイル「**立体グラデーション**」・フォントサイズ「**14**」・太字
- SmartArtグラフィックの場所：セル範囲【**A4:H23**】

Advice

- 「**組織図**」は、「**階層構造**」に分類されます。

※ブックに「Lesson35」と名前を付けて保存しましょう。

難易度 ★★★

Lesson 36 お見積書

標準解答

OPEN

Lesson20

あなたは家具販売店のスタッフで、見積書を作成しています。
次のように、図形を作成しましょう。

	A	B	C	D	E	F
1					2024年4月1日	
2					No.0100	
3	お見積書					
4						
5	お名前	高島恵子　様				
6	ご住所	東京都杉並区清水X-X-X				
7	お電話番号	03-3311-XXXX				
8				エフオーエム家具株式会社		
9				登録番号　T1234567890123		
10				〒212-0014		
11				神奈川県川崎市幸区大宮町X-X		
12				03-5401-XXXX		
13						
14	平素よりご用命を賜りまして厚く御礼申し上げます。			担当者	印	
15	以下のとおり、お見積りさせていただきます。					
16						
17						
18	**合計金額**	**¥69,740**				
19						
20	明細					
21	商品番号	商品名	販売価格	数量	金額	
22	1031	パソコンローデスク	¥19,800	1	¥19,800	
23	2011	座椅子	¥10,000	1	¥10,000	
24	2032	OAチェア（肘掛け付き）	¥16,800	2	¥33,600	
25						
26						
27			小計		¥63,400	
28			消費税	10%	¥6,340	
29			合計		¥69,740	
30						

お見積書　商品リスト　+

HINT

●シートの保護の解除
●図形：「**正方形/長方形**」・塗りつぶしの色「**白、背景1**」・線の色「**黒、テキスト1**」
　線の太さ「**0.75pt**」・フォントの色「**黒、テキスト1**」
　配置「**中央揃え**」「**上下中央揃え**」

Advice

- ブック「**Lesson20**」はシートが保護されているので、作成前にシートの保護を解除します。
- 担当者の押印欄は、四角形を2つ組み合わせて作成します。1つ目の図形を作成して書式を設定後、コピーすると効率的です。
- Ctrl + Shift で図形をドラッグすると、水平方向または垂直方向にコピーできます。
- 作成後はシートを保護します。

※ブックに「Lesson36」と名前を付けて保存しましょう。

難易度 ★★★

標準解答

Lesson37 案内状

OPEN

Lesson19

あなたは不動産会社に勤務しており、顧客に新築マンションの案内状を作成しています。次のように、画像を挿入しましょう。

	A	B	C	D	E	F	G	H	I
1							2024年4月1日		
2	緑山　幸太郎　様								
3						アジアンタムハウス			
4						〒220-0005			担当者一覧
5						横浜市西区南幸X-X			氏名
6						TEL：045-317-XXXX			吉村　圭司
7						FAX：045-317-XXXX			山川　巽
8									鈴木　優衣
9	新築分譲マンションのご案内								真田　要
10									後藤　謙造
11	時下ますますご清祥の段、お慶び申し上げます。日頃は大変お世話になっております。								石本　尚子
12	ご希望の条件でお調べしました結果、次の物件がございました。								平田　紀子
13	各物件、モデルルームを公開しております。								今井　昇
14	ご案内させていただきますので、ぜひご連絡ください。お待ちしております。								青山　一也
15						担当：	後藤　謙造		
16									
17	物件名	沿線	最寄駅	徒歩（分）	販売価格（万円）	間取り	面積（㎡）		
18	アイビー横浜海岸通り	京浜東北線	関内	10	6,880	3LDK	72		
19	オーガスタ戸塚	東海道本線	戸塚	15	4,380	2LDK	50		
20	横浜山手プラッサイア	根岸線	山手	12	5,690	2LDK	52		
21	ホリスガーデン川崎	東海道本線	川崎	10	4,600	2LDK	54		
22	川崎モンステラ	東海道本線	川崎	15	4,710	2LDK	52		
23									
24									
25									

案内状

HINT

●画像：「logo」
　サイズ「50%」
　縦横比を固定する

Advice

- 画像「**logo**」はダウンロードしたフォルダー「**Word2021＆Excel2021演習問題集**」のフォルダー「**Excel編**」のフォルダー「**画像**」の中に収録されています。**《ドキュメント》**→「**Word2021＆Excel2021演習問題集**」→「**Excel編**」→「**画像**」から挿入してください。

※ブックに「Lesson37」と名前を付けて保存しましょう。

Excel編

第8章

データベース機能を使ってデータを活用する

E 第8章

Lesson 38

難易度 ★☆☆

売上一覧表

標準解答

OPEN

Lesson12

あなたは食料品店のスタッフで、売上を分析することになりました。
次のように、表をテーブルに変換し、データを抽出しましょう。

▶「商品名」が「アップル」または「オリジナルブレンド」のレコードを抽出

売上一覧表

番号	日付	店名	担当者	商品名	分類	単価	数量	売上高
5	6月5日	新宿	河上友也	アップル	紅茶	1,600	40	64,000
6	6月5日	渋谷	木村健三	アップル	紅茶	1,600	20	32,000
11	6月12日	品川	佐藤貴子	オリジナルブレンド	コーヒー	1,800	20	36,000
20	7月6日	原宿	鈴木大河	オリジナルブレンド	コーヒー	1,800	30	54,000
26	7月15日	渋谷	林一郎	オリジナルブレンド	コーヒー	1,800	30	54,000
27	7月16日	新宿	河上友也	アップル	紅茶	1,600	50	80,000
35	7月28日	新宿	竹田誠一	オリジナルブレンド	コーヒー	1,800	30	54,000

売上表

▶「店名」が「渋谷」または「原宿」で、「売上高」が30,000以上のレコードを抽出

売上一覧表

番号	日付	店名	担当者	商品名	分類	単価	数量	売上高
1	6月1日	原宿	鈴木大河	ダージリン	紅茶	1,200	30	36,000
6	6月5日	渋谷	木村健三	アップル	紅茶	1,600	20	32,000
10	6月12日	原宿	鈴木大河	アールグレイ	紅茶	1,000	50	50,000
12	6月16日	渋谷	林一郎	キリマンジャロ	コーヒー	1,000	30	30,000
15	6月22日	渋谷	木村健三	アールグレイ	紅茶	1,000	40	40,000
17	6月24日	渋谷	林一郎	モカ	コーヒー	1,500	20	30,000
20	7月6日	原宿	鈴木大河	オリジナルブレンド	コーヒー	1,800	30	54,000
23	7月10日	原宿	鈴木大河	アールグレイ	紅茶	1,000	50	50,000
26	7月15日	渋谷	林一郎	オリジナルブレンド	コーヒー	1,800	30	54,000
28	7月17日	渋谷	林一郎	キリマンジャロ	コーヒー	1,000	40	40,000

売上表

▶「日付」が「7/1」から「7/31」で、「店名」が「原宿」のレコード

売上一覧表

番号	日付	店名	担当者	商品名	分類	単価	数量	売上高
20	7月6日	原宿	鈴木大河	オリジナルブレンド	コーヒー	1,800	30	54,000
22	7月9日	原宿	鈴木大河	ダージリン	紅茶	1,200	10	12,000
23	7月10日	原宿	鈴木大河	アールグレイ	紅茶	1,000	50	50,000
30	7月21日	原宿	杉山恵美	キリマンジャロ	コーヒー	1,000	20	20,000
31	7月22日	原宿	杉山恵美	モカ	コーヒー	1,500	10	15,000
37	7月30日	原宿	杉山恵美	キリマンジャロ	コーヒー	1,000	10	10,000

売上表

▶「分類」が「紅茶」で、「数量」が30以下のレコード

	A	B	C	D	E	F	G	H	I	J
1	売上一覧表									
2										
3	番号	日付	店名	担当者	商品名	分類	単価	数量	売上高	
4	1	6月1日	原宿	鈴木大河	ダージリン	紅茶	1,200	30	36,000	
6	3	6月3日	新宿	有川修二	ダージリン	紅茶	1,200	20	24,000	
9	6	6月5日	渋谷	木村健三	アップル	紅茶	1,600	20	32,000	
10	7	6月8日	原宿	鈴木大河	ダージリン	紅茶	1,200	10	12,000	
24	21	7月8日	渋谷	木村健三	アールグレイ	紅茶	1,000	20	20,000	
25	22	7月9日	原宿	鈴木大河	ダージリン	紅茶	1,200	10	12,000	
32	29	7月20日	新宿	河上友也	アールグレイ	紅茶	1,000	30	30,000	
35	32	7月23日	渋谷	木村健三	アールグレイ	紅茶	1,000	20	20,000	
41	38	7月31日	渋谷	木村健三	アールグレイ	紅茶	1,000	20	20,000	
42										
43										
44										

売上表

HINT

- テーブル：スタイル**「オレンジ, テーブルスタイル（中間）3」**
- 抽出　：**「商品名」**が**「アップル」**または**「オリジナルブレンド」**のレコード
- 抽出　：**「店名」**が**「渋谷」**または**「原宿」**で、**「売上高」**が30,000以上のレコード
- 抽出　：**「日付」**が**「7/1」**から**「7/31」**で、**「店名」**が**「原宿」**のレコード
- 抽出　：**「分類」**が**「紅茶」**で、**「数量」**が30以下のレコード

Advice

- もとになるセル範囲に書式が設定されていると、設定されていた書式とテーブルスタイルの書式が重なって見栄えが悪くなることがあります。テーブルに変換する前に、項目行の塗りつぶしの色を**「塗りつぶしなし」**に設定しておくとよいでしょう。
- 前の条件をクリアしてから、次の条件でデータを抽出しましょう。
- テーブル内ではスピルは使用できないため、数式に修正しましょう。スピルを使った数式を編集する場合は、スピル範囲先頭の数式入力セルの数式を修正します。修正結果は、スピル範囲のすべてのセルに自動的に反映されます。また、数式を削除する場合は、スピル範囲先頭の数式入力セルの数式を削除すると、スピル範囲のすべての結果が削除されます。

※ブックに「Lesson38」と名前を付けて保存しましょう。

難易度 ★★★

Lesson 39 セミナーアンケート結果

標準解答

OPEN

Lesson33

あなたは、職業体験セミナーのアンケート結果の一覧表を作成しています。
次のように、データを抽出し、並べ替えましょう。

▶「お店の数」が「普通」または「少ない」、「体験時間」が「短い」レコードを抽出

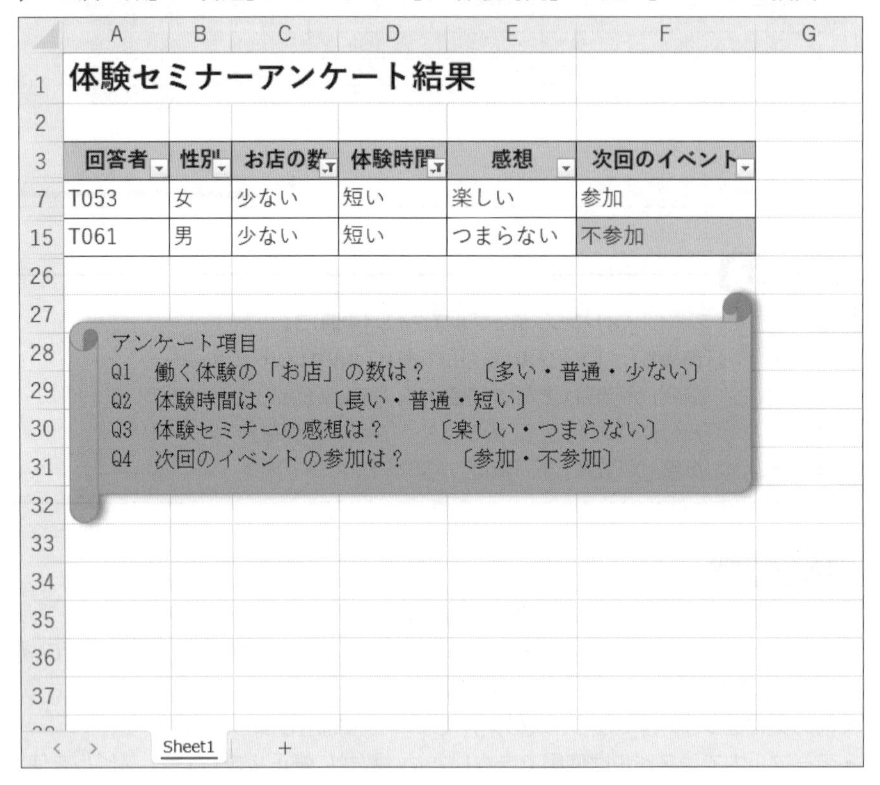

体験セミナーアンケート結果

回答者	性別	お店の数	体験時間	感想	次回のイベント
T053	女	少ない	短い	楽しい	参加
T061	男	少ない	短い	つまらない	不参加

▶「次回のイベント」のセルの色が明るい赤のレコードを抽出

体験セミナーアンケート結果

回答者	性別	お店の数	体験時間	感想	次回のイベント
T050	男	多い	長い	つまらない	不参加
T057	男	多い	長い	つまらない	不参加
T060	男	普通	長い	楽しい	不参加
T061	男	少ない	短い	つまらない	不参加
T062	女	多い	短い	つまらない	不参加
T069	女	多い	普通	楽しい	不参加

▶「次回のイベント」のセルの色が明るい赤のレコードを表の上に来るように並べ替え

	A	B	C	D	E	F	G
1	体験セミナーアンケート結果						
2							
3	回答者	性別	お店の数	体験時間	感想	次回のイベント	
4	T050	男	多い	長い	つまらない	不参加	
5	T057	男	多い	長い	つまらない	不参加	
6	T060	男	普通	長い	楽しい	不参加	
7	T061	男	少ない	短い	つまらない	不参加	
8	T062	女	多い	短い	つまらない	不参加	
9	T069	女	多い	普通	楽しい	不参加	
10	T051	女	普通	普通	楽しい	参加	
11	T052	女	少ない	長い	楽しい	参加	
12	T053	女	少ない	短い	楽しい	参加	
13	T054	男	少ない	長い	楽しい	参加	
14	T055	女	多い	普通	楽しい	参加	
15	T056	女	少ない	長い	楽しい	参加	
16	T058	女	普通	長い	楽しい	参加	
17	T059	男	多い	普通	楽しい	参加	
18	T063	男	普通	普通	楽しい	参加	
19	T064	女	普通	普通	楽しい	参加	
20	T065	女	少ない	長い	楽しい	参加	
21	T066	女	多い	短い	楽しい	参加	
22	T067	女	少ない	普通	楽しい	参加	
23	T068	女	多い	普通	楽しい	参加	
24	T070	女	普通	普通	楽しい	参加	
25	T071	女	多い	普通	楽しい	参加	

アンケート項目
Q1　働く体験の「お店」の数は？　〔多い・普通・少ない〕
Q2　体験時間は？　〔長い・普通・短い〕
Q3　体験セミナーの感想は？　〔楽しい・つまらない〕
Q4　次回のイベントの参加は？　〔参加・不参加〕

Sheet1

HINT

- 抽出　：**「お店の数」**が**「普通」**または**「少ない」**、**「体験時間」**が**「短い」**レコード
- 抽出　：**「次回のイベント」**のセルの色が明るい赤のレコード
- 並べ替え：**「次回のイベント」**のセルの色が明るい赤のレコードを表の上に並べる

Advice

- 前の条件をクリアしてから、次の条件でデータを抽出・並べ替えましょう。

※ブックに「Lesson39」と名前を付けて保存しましょう。

難易度 ★★★

売上一覧表

標準解答

OPEN

Lesson12

あなたは食料品店のスタッフで、売上の一覧表を作成しています。
次のように、データを並べ替えましょう。

売上一覧表

	A	B	C	D	E	F	G	H	I
3	番号	日付	店名	担当者	商品名	分類	単価	数量	売上高
4	2	6月2日	新宿	有川修二	キリマンジャロ	コーヒー	1,000	30	30,000
5	3	6月3日	新宿	有川修二	ダージリン	紅茶	1,200	20	24,000
6	9	6月11日	新宿	有川修二	アールグレイ	紅茶	1,000	50	50,000
7	18	6月29日	新宿	有川修二	モカ	コーヒー	1,500	10	15,000
8	36	7月29日	新宿	有川修二	モカ	コーヒー	1,500	20	30,000
9	5	6月5日	新宿	河上友也	アップル	紅茶	1,600	40	64,000
10	27	7月16日	新宿	河上友也	アップル	紅茶	1,600	50	80,000
11	29	7月20日	新宿	河上友也	アールグレイ	紅茶	1,000	30	30,000
12	4	6月4日	新宿	竹田誠一	ダージリン	紅茶	1,200	50	60,000
13	13	6月17日	新宿	竹田誠一	キリマンジャロ	コーヒー	1,000	20	20,000
14	35	7月28日	新宿	竹田誠一	オリジナルブレンド	コーヒー	1,800	30	54,000
15	14	6月18日	原宿	杉山恵美	キリマンジャロ	コーヒー	1,000	10	10,000
16	30	7月21日	原宿	杉山恵美	キリマンジャロ	コーヒー	1,000	20	20,000
17	31	7月22日	原宿	杉山恵美	モカ	コーヒー	1,500	10	15,000
18	37	7月30日	原宿	杉山恵美	キリマンジャロ	コーヒー	1,000	10	10,000
19	1	6月1日	原宿	鈴木大河	ダージリン	紅茶	1,200	30	36,000
20	7	6月8日	原宿	鈴木大河	ダージリン	紅茶	1,200	10	12,000
21	10	6月12日	原宿	鈴木大河	アールグレイ	紅茶	1,000	50	50,000
22	20	7月6日	原宿	鈴木大河	オリジナルブレンド	コーヒー	1,800	30	54,000
23	22	7月9日	原宿	鈴木大河	ダージリン	紅茶	1,200	10	12,000
24	23	7月10日	原宿	鈴木大河	アールグレイ	紅茶	1,000	50	50,000
25	11	6月12日	品川	佐藤貴子	オリジナルブレンド	コーヒー	1,800	20	36,000
26	19	7月1日	品川	佐藤貴子	モカ	コーヒー	1,500	45	67,500
28	34	7月24日	品川	佐藤貴子	モカ	コーヒー	1,500	40	60,000
29	8	6月10日	品川	畑山圭子	キリマンジャロ	コーヒー	1,000	20	20,000
30	16	6月23日	品川	畑山圭子	アールグレイ	紅茶	1,000	50	50,000
31	24	7月13日	品川	畑山圭子	モカ	コーヒー	1,500	30	45,000
32	33	7月24日	品川	畑山圭子	アールグレイ	紅茶	1,000	50	50,000
33	6	6月5日	渋谷	木村健三	アップル	紅茶	1,600	20	32,000
34	15	6月22日	渋谷	木村健三	アールグレイ	紅茶	1,000	40	40,000
35	21	7月8日	渋谷	木村健三	アールグレイ	紅茶	1,000	20	20,000
36	32	7月23日	渋谷	木村健三	アールグレイ	紅茶	1,000	20	20,000
37	38	7月31日	渋谷	木村健三	アールグレイ	紅茶	1,000	20	20,000
38	12	6月16日	渋谷	林一郎	キリマンジャロ	コーヒー	1,000	30	30,000
39	17	6月24日	渋谷	林一郎	モカ	コーヒー	1,500	20	30,000
40	26	7月15日	渋谷	林一郎	オリジナルブレンド	コーヒー	1,800	30	54,000
41	28	7月17日	渋谷	林一郎	キリマンジャロ	コーヒー	1,000	40	40,000

売上表

HINT

●並べ替え：**「店名」**を**「新宿」**、**「原宿」**、**「品川」**、**「渋谷」**の順
　　　　　「店名」が同じ場合は、**「担当者」**の五十音順

Advice

- スピルを使用した状態では並べ替えられないため、数式に修正します。
- 独自に指定した順序で並べ替えを行う場合は、**「ユーザー設定リスト」**を作成します。
- 並べ替え後は、ユーザー設定リストを削除します。

※ブックに「Lesson40」と名前を付けて保存しましょう。
　「Lesson43」で使います。

難易度 ★★★

Lesson 41 売上一覧表

標準解答

OPEN

Lesson12

あなたは食料品店のスタッフで、売上の一覧表を作成しています。
次のように、データを集計しましょう。

	A	B	C	D	E	F	G	H	I
1	売上一覧表								
2									
3	番号	日付	店名	担当者	商品名	分類	単価	数量	売上高
14					アールグレイ 集計				380,000
18					アップル 集計				176,000
24					ダージリン 集計				144,000
25						紅茶 集計			700,000
30					オリジナルブレンド 集計				198,000
39					キリマンジャロ 集計				180,000
48					モカ 集計				337,500
49						コーヒー 集計			715,500
50						総計			1,415,500
51									

HINT

●「**分類**」ごとの売上高と「**商品名**」ごとの売上高を集計
●集計結果の小計と総計の行だけを表示

Advice

- スピルを使用した状態では並べ替えられないため、数式に修正します。
- 小計を使うと、表のデータをグループに分類して、グループごとに合計を求めたり、平均を求めたりできます。
- 小計を使う場合は、集計する項目ごとにデータを並べ替えておきます。
- 複数の項目の集計行を追加する場合は、《**現在の小計をすべて置き換える**》を□にします。
- 小計を実行すると、表に自動的にアウトラインが作成されます。
  アウトライン記号を使って、上位レベルだけを表示したり、全レベルを表示したりできます。

※ブックに「Lesson41」と名前を付けて保存しましょう。

難易度 ★★☆

Lesson42 売上一覧表

標準解答

OPEN
Lesson12

あなたは食料品店のスタッフで、売上を分析しています。
次のように、表をテーブルに変換し、データを集計しましょう。

売上一覧表

番号	日付	店名	担当者	商品名	分類	単価	数量	売上高
1	6月1日	原宿	鈴木大河	ダージリン	紅茶	1,200	30	36,000
2	6月2日	新宿	有川修二	キリマンジャロ	コーヒー	1,000	30	30,000
3	6月3日	新宿	有川修二	ダージリン	紅茶	1,200	20	24,000
4	6月4日	新宿	竹田誠一	ダージリン	紅茶	1,200	50	60,000
5	6月5日	新宿	河上友也	アップル	紅茶	1,600	40	64,000
6	6月5日	渋谷	木村健三	アップル	紅茶	1,600	20	32,000
7	6月8日	原宿	鈴木大河	ダージリン	紅茶	1,200	10	12,000
8	6月10日	品川	畑山圭子	キリマンジャロ	コーヒー	1,000	20	20,000
9	6月11日	新宿	有川修二	アールグレイ	紅茶	1,000	50	50,000
10	6月12日	原宿	鈴木大河	アールグレイ	紅茶	1,000	50	50,000
11	6月12日	品川	佐藤貴子	オリジナルブレンド	コーヒー	1,800	20	36,000
12	6月16日	渋谷	林一郎	キリマンジャロ	コーヒー	1,000	30	30,000
13	6月17日	新宿	竹田誠一	キリマンジャロ	コーヒー	1,000	20	20,000
14	6月18日	原宿	杉山恵美	キリマンジャロ	コーヒー	1,000	10	10,000
15	6月22日	渋谷	木村健三	アールグレイ	紅茶	1,000	40	40,000
16	6月23日	品川	畑山圭子	アールグレイ	紅茶	1,000	50	50,000
17	6月24日	渋谷	林一郎	モカ	コーヒー	1,500	20	30,000
18	6月29日	新宿	有川修二	モカ	コーヒー	1,500	10	15,000
19	7月1日	品川	佐藤貴子	モカ	コーヒー	1,500	45	67,500
20	7月6日	原宿	鈴木大河	オリジナルブレンド	コーヒー	1,800	30	54,000
21	7月8日	渋谷	木村健三	アールグレイ	紅茶	1,000	20	20,000
22	7月9日	原宿	鈴木大河	ダージリン	紅茶	1,200	10	12,000
23	7月10日	原宿	鈴木大河	アールグレイ	紅茶	1,000	50	50,000
24	7月13日	品川	畑山圭子	モカ	コーヒー	1,500	30	45,000
25	7月14日	品川	佐藤貴子	モカ	コーヒー	1,500	50	75,000
26	7月15日	渋谷	林一郎	オリジナルブレンド	コーヒー	1,800	30	54,000
27	7月16日	新宿	河上友也	アップル	紅茶	1,600	50	80,000
28	7月17日	渋谷	林一郎	キリマンジャロ	コーヒー	1,000	40	40,000
29	7月20日	新宿	河上友也	アールグレイ	紅茶	1,000	30	30,000
30	7月21日	原宿	杉山恵美	キリマンジャロ	コーヒー	1,000	20	20,000
31	7月22日	原宿	杉山恵美	モカ	コーヒー	1,500	10	15,000
32	7月23日	渋谷	木村健三	アールグレイ	紅茶	1,000	20	20,000
33	7月24日	品川	畑山圭子	アールグレイ	紅茶	1,000	50	50,000
34	7月24日	品川	佐藤貴子	モカ	コーヒー	1,500	40	60,000
35	7月28日	新宿	竹田誠一	オリジナルブレンド	コーヒー	1,800	30	54,000
36	7月29日	新宿	有川修二	モカ	コーヒー	1,500	20	30,000
37	7月30日	原宿	杉山恵美	キリマンジャロ	コーヒー	1,000	10	10,000
38	7月31日	渋谷	木村健三	アールグレイ	紅茶	1,000	20	20,000
集計								1,415,500

売上表

HINT

- テーブル：スタイル「**オレンジ, テーブルスタイル（中間）3**」・売上高の集計行（合計）を表示
- I列　　：最適値の列の幅

Advice

- もとになるセル範囲に書式が設定されていると、設定されていた書式とテーブルスタイルの書式が重なって見栄えが悪くなることがあります。テーブルに変換する前に、項目行の塗りつぶしの色を「**塗りつぶしなし**」に設定しておくとよいでしょう。
- テーブル内ではスピルは使用できないため、数式に修正しましょう。

※ブックに「Lesson42」と名前を付けて保存しましょう。

Excel編

第9章

ピボットテーブルを使って データを集計・分析する

E 第9章 難易度 ★★★

Lesson43 売上分析

標準解答

OPEN

Lesson40

あなたは食料品店のスタッフで、売上を分析しています。
次のように、ピボットテーブルを作成しましょう。

▶「原宿店」と「新宿店」の集計結果

	A	B	C	D	E	F	G	H
1	店名	(複数のアイテム)						
2								
3	合計 / 売上高	列ラベル						
4	行ラベル	河上友也	杉山恵美	竹田誠一	有川修二	鈴木大河	総計	
5	⊟コーヒー	0	55,000	74,000	75,000	54,000	258,000	
6	オリジナルブレンド	0	0	54,000	0	54,000	108,000	
7	キリマンジャロ	0	40,000	20,000	30,000	0	90,000	
8	モカ	0	15,000	0	45,000	0	60,000	
9	⊟紅茶	174,000	0	60,000	74,000	160,000	468,000	
10	アールグレイ	30,000	0	0	50,000	100,000	180,000	
11	アップル	144,000	0	0	0	0	144,000	
12	ダージリン	0	0	60,000	24,000	60,000	144,000	
13	総計	174,000	55,000	134,000	149,000	214,000	726,000	
14								
15								

売上分析　売上表

▶「新宿店」の集計結果

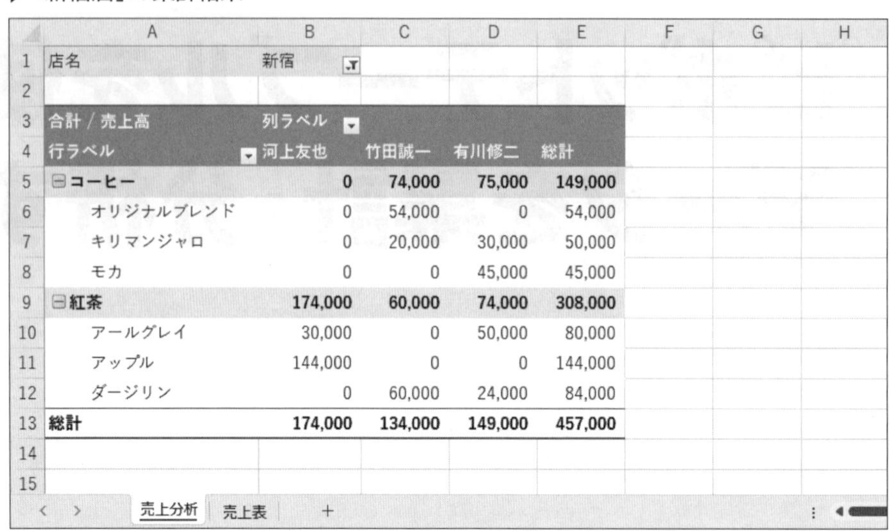

	A	B	C	D	E	F	G	H
1	店名	新宿						
2								
3	合計 / 売上高	列ラベル						
4	行ラベル	河上友也	竹田誠一	有川修二	総計			
5	⊟コーヒー	0	74,000	75,000	149,000			
6	オリジナルブレンド	0	54,000	0	54,000			
7	キリマンジャロ	0	20,000	30,000	50,000			
8	モカ	0	0	45,000	45,000			
9	⊟紅茶	174,000	60,000	74,000	308,000			
10	アールグレイ	30,000	0	50,000	80,000			
11	アップル	144,000	0	0	144,000			
12	ダージリン	0	60,000	24,000	84,000			
13	総計	174,000	134,000	149,000	457,000			
14								
15								

売上分析　売上表

▶「河上友也」の「アップル」の詳細データ

	A	B	C	D	E	F	G	H	I	J
1	番号	日付	店名	担当者	商品名	分類	単価	数量	売上高	
2	27	2024/7/16	新宿	河上友也	アップル	紅茶	1600	50	80000	
3	5	2024/6/5	新宿	河上友也	アップル	紅茶	1600	40	64000	
4										
5										
6										
7										
8										
9										
10										

Sheet2　売上分析　売上表

HINT

シート「売上分析」

●ピボットテーブル：スタイル**「白，ピボットスタイル（中間）11」**

●値エリアの空白セルに**「0」**を表示

シート「Sheet2」

●**「河上友也」**の**「アップル」**の詳細データを表示

●B列：最適値の列の幅

Advice

- 集計結果のセルをダブルクリックすることで、もとになった詳細データを確認することができます。
- **《ピボットテーブル分析》**タブ→**《ピボットテーブル》**グループの オプション （ピボットテーブルオプション）を使うと、値エリアの空白セルに表示する値を設定できます。

※ブックに「Lesson43」と名前を付けて保存しましょう。
「Lesson44」と「Lesson45」で使います。

難易度 ★★★

Lesson 44 売上分析

標準解答

OPEN

Lesson43

あなたは食料品店のスタッフで、売上の分析のためにグラフを作成することになりました。次のように、ピボットグラフを作成しましょう。

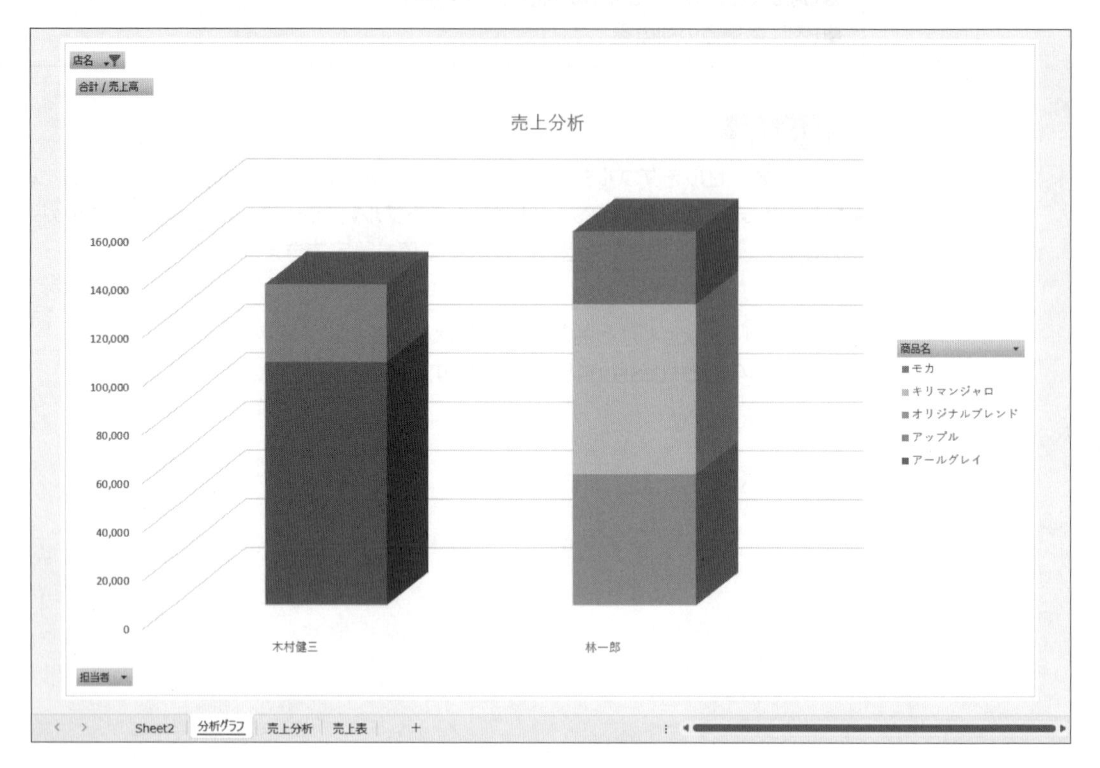

HINT

- ピボットグラフの場所：新しいシート**「分析グラフ」**
- **「店名」**が**「渋谷」**のグラフを表示

Advice

- 担当者ごとの商品売上を表す積み上げ縦棒グラフを作成します。
- **「分類」**のフィールドは削除します。

※ブックに「Lesson44」と名前を付けて保存しましょう。

Lesson 45 売上分析

難易度 ★★★

標準解答

OPEN
Lesson43

あなたは食料品店のスタッフで、売上を分析しています。
次のように、ピボットテーブルを編集しましょう。

▶「渋谷店」と「品川店」の集計結果

	A	B	C	D	E	F	G
1	分類	コーヒー					
2							
3	合計 / 売上高	列ラベル					
4		6月	7月	総計			
5							
6	行ラベル						
7	オリジナルブレンド	36,000	54,000	90,000			
8	キリマンジャロ	50,000	40,000	90,000			
9	モカ	30,000	247,500	277,500			
10	総計	116,000	341,500	457,500			

店名：原宿／渋谷／新宿／品川

Sheet2　売上分析　売上表

▶すべての店舗の7月の集計結果

	A	B	C	D	E	F	G
1	分類	コーヒー					
2							
3	合計 / 売上高	列ラベル					
4		7月	総計				
5							
6	行ラベル						
7	オリジナルブレンド	162,000	162,000				
8	キリマンジャロ	70,000	70,000				
9	モカ	292,500	292,500				
10	総計	524,500	524,500				

店名：原宿／渋谷／新宿／品川

日付
2024 年 7 月　月
2024
3 4 5 6 7 8 9 10 11 12

Sheet2　売上分析　売上表

HINT

●スライサー　　：スタイル「**白，スライサースタイル（淡色）3**」
●タイムライン　：スタイル「**薄い灰色，タイムラインスタイル（淡色）3**」

Advice

- スライサーを使用することで、ピボットテーブル上に表示する項目を絞り込むことができます。
- タイムラインを使用することで、ピボットテーブル上の日付を絞り込むことができます。

※ブックに「Lesson45」と名前を付けて保存しましょう。

Excel編

総合問題

難易度 ★★★

会員リスト1

標準解答

OPEN

E 新しいブック

あなたはカルチャーセンターのスタッフで、会員リストを作成することになりました。
次のように、表を作成しましょう。

	A	B	C	D	E	F	G	H	I
1	会員リスト								
2					現在の会員数			現在	
3									
4	会員番号	氏名	フリガナ	入会日	継続月数	地区コード	地区	担当	
5	1001	小野田　奈緒		2022/4/10		30			
6	1002	飯田　雅美		2022/4/16		10			
7	1003	水越　かおり		2022/4/25		20			
8	1004	横井　桜		2022/5/15		50			
9	1005	向井　理子		2022/5/31		30			
10	1006	石塚　真由美		2022/6/1		40			
11	1007	中井　裕子		2022/6/11		20			
12	1008	大塚　利美		2022/7/19		10			
13	1009	新田　理江子		2022/8/2		50			
14	1010	辻井　聖子		2022/8/4		10			
15	1011	坂本　萌		2022/9/22		10			
16	1012	鈴木　咲		2022/10/1		20			
17	1013	松村　貴子		2022/10/8		50			
18	1014	三上　圭子		2022/10/27		40			
19	1015	藤本　樹理		2022/11/7		20			
20	1016	今村　まゆ		2022/11/17		20			
21	1017	松村　文代		2022/11/25		40			
22	1018	白石　加奈子		2022/12/8		10			
23	1019	真田　由紀		2022/12/15		20			
24	1020	岩本　好江		2023/2/6		50			
25	1021	五十嵐　みゆき		2023/2/7		50			
26	1022	舟木　香奈		2023/3/8		40			
27	1023	上村　まりこ		2023/3/10		30			
28	1024	磯崎　広恵		2023/4/15		20			
29	1025	鈴木　明子		2023/4/18		30			
30	1026	岡山　奈津		2023/4/20		20			
31	1027	寺尾　遥		2023/4/21		10			
32	1028	藤平　美和子		2023/5/21		10			
33	1029	神谷　菜々美		2023/5/23		50			
34	1030	茂木　優		2023/5/25		40			
35									
36									

会員リスト ＋

HINT

- ●タイトル　：セルのスタイル**「タイトル」**
- ●項目　　　：太字・塗りつぶしの色**「ゴールド、アクセント4、白＋基本色40%」**
- ●B列～E列：列の幅**「16」**
- ●F列　　　：列の幅**「10」**
- ●G列　　　：列の幅**「11」**

Advice

- 「**1001**」～「**1030**」は、オートフィルを使って入力すると効率的です。
- セルのスタイルを使うと、フォントやフォントサイズ、フォントの色など複数の書式をまとめて設定できます。

※ブックに「Lesson46」と名前を付けて保存しましょう。
「Lesson47」で使います。

Lesson 47 会員リスト2

難易度 ★★★

標準解答

OPEN

Lesson46

あなたはカルチャーセンターのスタッフで、会員リストを作成しています。
次のように、表を編集しましょう。

会員リスト

現在の会員数　30 名　2024/4/1 現在

会員番号	氏名	フリガナ	入会日	継続月数	地区コード	地区	担当
1001	小野田　奈緒	オノダ　ナオ	2022/4/10	23か月	30	南区	小野寺
1002	飯田　雅美	イイダ　マサミ	2022/4/16	23か月	10	中区	三原
1003	水越　かおり	ミズコシ　カオリ	2022/4/25	23か月	20	北区	岡本
1004	横井　桜	ヨコイ　サクラ	2022/5/15	22か月	50	西区	佐久間
1005	向井　理子	ムカイ　リコ	2022/5/31	22か月	30	南区	小野寺
1006	石塚　真由美	イシヅカ　マユミ	2022/6/1	22か月	40	東区	稲田
1007	中井　裕子	ナカイ　ユウコ	2022/6/11	21か月	20	北区	岡本
1008	大塚　利美	オオツカ　トシミ	2022/7/19	20か月	10	中区	三原
1009	新田　理江子	ニッタ　リエコ	2022/8/2	19か月	50	西区	佐久間
1010	辻井　聖子	ツジイ　セイコ	2022/8/4	19か月	10	中区	三原
1011	坂本　萌	サカモト　モエ	2022/9/22	18か月	10	中区	三原
1012	鈴木　咲	スズキ　サキ	2022/10/1	18か月	20	北区	岡本
1013	松村　貴子	マツムラ　タカコ	2022/10/8	17か月	50	西区	佐久間
1014	三上　圭子	ミカミ　ケイコ	2022/10/27	17か月	40	東区	稲田
1015	藤本　樹理	フジモト　ジュリ	2022/11/7	16か月	20	北区	岡本
1016	今村　まゆ	イマムラ　マユ	2022/11/17	16か月	20	北区	岡本
1017	松村　文代	マツムラ　フミヨ	2022/11/25	16か月	40	東区	稲田
1018	白石　加奈子	シライシ　カナコ	2022/12/8	15か月	10	中区	三原
1019	真田　由紀	サナダ　ユキ	2022/12/15	15か月	20	北区	岡本
1020	岩本　好江	イワモト　ヨシエ	2023/2/6	13か月	50	西区	佐久間
1021	五十嵐　みゆき	イガラシ　ミユキ	2023/2/7	13か月	50	西区	佐久間
1022	舟木　香奈	フナキ　カナ	2023/3/8	12か月	40	東区	稲田
1023	上村　まりこ	ウエムラ　マリコ	2023/3/10	12か月	30	南区	小野寺
1024	磯崎　広恵	イソザキ　ヒロエ	2023/4/15	11か月	20	北区	岡本
1025	鈴木　明子	スズキ　アキコ	2023/4/18	11か月	30	南区	小野寺
1026	岡山　奈津	オカヤマ　ナツ	2023/4/20	11か月	20	北区	岡本
1027	寺尾　遥	テラオ　ハルカ	2023/4/21	11か月	10	中区	三原
1028	藤平　美和子	フジヒラ　ミワコ	2023/5/21	10か月	10	中区	三原
1029	神谷　菜々美	カミヤ　ナナミ	2023/5/23	10か月	50	西区	佐久間
1030	茂木　優	モギ　ユウ	2023/5/25	10か月	40	東区	稲田

会員リスト　地区コード

	A	B	C	D	E	F	G
1	地区コード表						
2							
3	地区コード	10	20	30	40	50	
4	地区	中区	北区	南区	東区	西区	
5	担当	三原	岡本	小野寺	稲田	佐久間	
6							
7							
8							
9							

会員リスト　地区コード　+

HINT

新しいシート「地区コード」の挿入

シート「地区コード」

●タイトル　：セルのスタイル**「タイトル」**
●項目　：塗りつぶしの色**「ゴールド、アクセント4、白+基本色40%」**
●A列　：列の幅**「10」**

シート「会員リスト」

●セル**【F2】**：現在の会員数を表示・ユーザー定義の表示形式**「□名」**
●セル**【G2】**：本日の日付を表示
●フリガナ　：フリガナを表示
●継続月数　：入会日から本日までの月数を表示・ユーザー定義の表示形式**「か月」**
●地区と担当：地区コードを入力すると、地区コード表を参照して地区と担当を表示

Advice

- シート**「会員リスト」**のセル**【F2】**、セル**【G2】**、**「フリガナ」**、**「継続月数」**、**「地区」**、**「担当」**は関数を使って表示します。
- 現在の会員数は、**「会員番号」**の列を使って算出します。
- 入会日から本日までの月数を求める関数は、**「=DATEDIF(古い日付, 新しい日付, 単位)」**です。
単位は、次のように指定します。

単位	意味	例
"Y"	期間内の満年数	=DATEDIF("2023/1/1","2024/3/1","Y")→1
"M"	期間内の満月数	=DATEDIF("2023/1/1","2024/3/1","M")→14
"D"	期間内の満日数	=DATEDIF("2023/1/1","2024/3/1","D")→425
"YM"	1年未満の月数	=DATEDIF("2023/1/1","2024/3/1","YM")→2
"YD"	1年未満の日数	=DATEDIF("2023/1/1","2024/3/1","YD")→59
"MD"	1か月未満の日数	=DATEDIF("2023/1/1","2024/3/1","MD")→0

- 横方向にデータが入力されている参照表から該当するデータを検索して表示する関数は、**「=HLOOKUP(検索値, 範囲, 行番号, 検索方法)」**です。

※ブックに「Lesson47」と名前を付けて保存しましょう。

Lesson 48 消費高

難易度 ★★★

標準解答

OPEN

E 新しいブック

あなたは水産加工品の販売会社に勤務しており、地域別の水産食品消費高をまとめた資料を作成することになりました。
次のように、表を作成しましょう。

水産食品消費高（地域別）

単位：トン

地域	品名	2018年	2019年	2020年	2021年	2022年	2023年	合計
A市	まぐろ	20,600	17,420	21,200	21,541	20,450	18,540	119,751
	かつお	30,200	28,420	13,254	30,120	28,490	30,115	160,599
	いわし	56,569	57,481	50,120	52,140	50,020	51,285	317,615
	さんま	21,400	20,150	20,010	19,840	18,450	20,150	120,000
	さば	45,517	42,560	40,050	40,715	47,542	45,120	261,504
	ひらめ	1,865	2,021	1,987	1,900	2,022	1,005	10,800
小計		176,151	168,052	146,621	166,256	166,974	166,215	990,269
B市	いわし	41,483	40,230	39,120	40,050	38,451	40,055	239,389
	さば	42,547	40,120	39,820	39,548	38,128	39,158	239,321
	たい	2,172	2,018	1,821	2,215	2,521	1,980	12,727
	さけ	16,009	15,800	15,825	18,740	15,450	18,563	100,387
	さんま	19,800	18,900	20,010	17,450	16,400	12,800	105,360
小計		122,011	117,068	116,596	118,003	110,950	112,556	697,184
C市	いわし	36,591	35,269	35,900	36,540	32,690	30,260	207,250
	いか	15,000	16,250	15,482	15,515	16,520	16,250	95,017
	さんま	18,500	18,250	17,492	15,840	18,005	17,595	105,682
	さけ	16,225	16,002	15,980	16,230	16,798	17,410	98,645
小計		86,316	85,771	84,854	84,125	84,013	81,515	506,594
D市	かつお	25,981	20,158	15,870	25,981	12,548	20,135	120,673
	いわし	23,510	25,148	25,987	30,120	32,511	24,587	161,863
	さば	39,840	34,588	24,598	36,549	31,250	25,489	192,314
	さけ	2,002	1,584	2,012	2,218	2,015	1,887	11,718
	ひらめ	2,015	1,857	1,998	2,012	2,020	1,489	11,391
小計		93,348	83,335	70,465	96,880	80,344	73,587	497,959
総計		477,826	454,226	418,536	465,264	442,281	433,873	2,692,006

地域別 種類別

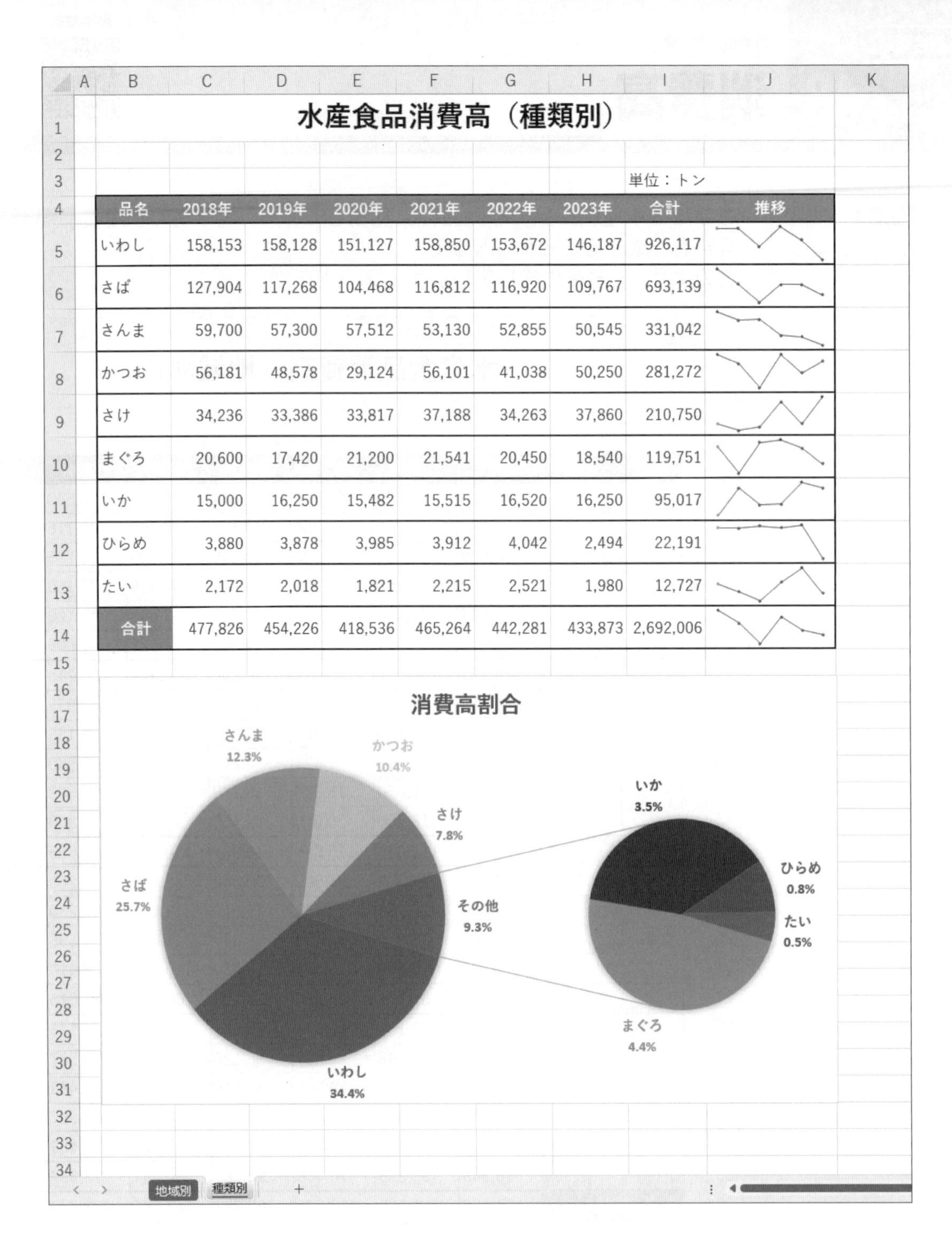

水産食品消費高（種類別）

単位：トン

品名	2018年	2019年	2020年	2021年	2022年	2023年	合計	推移
いわし	158,153	158,128	151,127	158,850	153,672	146,187	926,117	
さば	127,904	117,268	104,468	116,812	116,920	109,767	693,139	
さんま	59,700	57,300	57,512	53,130	52,855	50,545	331,042	
かつお	56,181	48,578	29,124	56,101	41,038	50,250	281,272	
さけ	34,236	33,386	33,817	37,188	34,263	37,860	210,750	
まぐろ	20,600	17,420	21,200	21,541	20,450	18,540	119,751	
いか	15,000	16,250	15,482	15,515	16,520	16,250	95,017	
ひらめ	3,880	3,878	3,985	3,912	4,042	2,494	22,191	
たい	2,172	2,018	1,821	2,215	2,521	1,980	12,727	
合計	477,826	454,226	418,536	465,264	442,281	433,873	2,692,006	

HINT

シート「地域別」

- ●タイトル　：フォントサイズ**「20」**・太字・フォントの色**「ブルーグレー、テキスト2」**
- ●項目　：太字・塗りつぶしの色**「青、アクセント1」**・フォントの色**「白、背景1」**
- ●小計　：塗りつぶしの色**「青、アクセント1、白+基本色80%」**
- ●桁区切りスタイル
- ●A列　：列の幅**「2」**
- ●B列　：列の幅**「6」**
- ●シート見出し　：色**「青、アクセント1」**

シート「種類別」

- ●シート見出し　：色**「緑、アクセント6」**
- ●タイトル　：フォントサイズ**「20」**・太字
- ●項目　：太字、塗りつぶしの色**「緑、アクセント6」**・フォントの色**「白、背景1」**
- ●A列　：列の幅**「2」**
- ●J列　：列の幅**「15」**
- ●5行目～14行目：行の高さ**「30」**
- ●桁区切りスタイル
- ●スパークライン　：すべてのマーカーを表示
  ：最大値のマーカーの色**「紫」**
  ：最小値のマーカーの色**「薄い青」**
- ●グラフの場所　：セル範囲**【B16:J31】**
- ●グラフ　：補助プロットのサイズ**「65%」**
- ●グラフスタイル　：**「スタイル9」**

Advice

- **「2018年」**～**「2023年」**は、オートフィルを使って入力すると効率的です。
- **「小計」**のセルの右側の罫線を削除します。セルの一部の罫線を削除するには、**《セルの書式設置》**ダイアログボックスの**《罫線》**タブを使います。
- 合計の対象となるデータを含むすべてのセルを選択し、[Σ]（オートSUM）をクリックすると、一度に合計を求められます。
- 総計を求めるセルを選択し、[Σ]（オートSUM）をクリックすると、それぞれの合計を足した総計を求められます。
- SUMIF関数を使って、種類ごとの消費高の合計を求めます。

> 指定したセル範囲の中から、指定した条件を満たしているセルの値の合計を求めます。
>
> **=SUMIF（範囲，検索条件，合計範囲）**
> 　　　　　❶　　　❷　　　　❸
>
> **❶範囲**
> 検索の対象となるセル範囲を指定します。
>
> **❷検索条件**
> 検索条件を文字列またはセル、数値、数式で指定します。
>
> **❸合計範囲**
> 検索条件に合致した値を合計する。
>
> ※引数に文字列を指定する場合、文字列の前後に「"（ダブルクォーテーション）」を入力します。

- 各品名の**「合計」**の構成比を補助円グラフ付き円グラフで表します。
- 補助円グラフ付き円グラフを作成する場合は、もとになるデータ範囲の数値を降順で並べ替えておきます。
- 補助円グラフに表示するデータの個数や、補助円グラフのサイズは**《データ系列の書式設定》**作業ウィンドウを使って設定できます。

※ブックに「Lesson48」と名前を付けて保存しましょう。

Lesson 49 講座売上表1

難易度 ★★★

標準解答

OPEN

新しいブック

あなたはカルチャーセンターのスタッフで、講座の売上表を作成することになりました。
次のように、表を作成しましょう。

	A	B	C	D	E	F	G	H	I	J	K	L
1	FOMカルチャーセンター　講座開催状況											
2												
3	受付番号	開催日	講座番号	開催地域	ジャンル	講座名	定員	受講費	受講者数	受講率	金額	
4	1	2024/4/1	E2001	大阪府	趣味	はじめての一眼レフ	30	¥1,000	21	70%	¥21,000	
5	2	2024/4/2	H1002	奈良県	健康	リラックスヨガ	40	¥1,000	35	88%	¥35,000	
6	3	2024/4/2	C1001	大阪府	料理	ヘルシー薬膳料理	35	¥2,000	33	94%	¥66,000	
7	4	2024/4/4	C1003	京都府	料理	楽しい家庭料理	35	¥2,000	21	60%	¥42,000	
8	5	2024/4/6	C1002	大阪府	料理	楽しい家庭料理	35	¥2,000	32	91%	¥64,000	
9	6	2024/4/8	H1003	滋賀県	健康	モーニング太極拳	30	¥1,000	22	73%	¥22,000	
10	7	2024/4/12	C1003	京都府	料理	楽しい家庭料理	35	¥2,000	30	86%	¥60,000	
11	8	2024/4/13	H1002	奈良県	健康	リラックスヨガ	40	¥1,000	22	55%	¥22,000	
12	9	2024/4/13	C1001	大阪府	料理	ヘルシー薬膳料理	35	¥2,000	35	100%	¥70,000	
13	10	2024/4/16	H1001	和歌山県	料理	楽しい家庭料理	30	¥2,000	22	73%	¥44,000	
14	11	2024/4/16	E1002	兵庫県	趣味	オリジナル石鹸づくり	30	¥1,300	21	70%	¥27,300	
15	12	2024/4/18	E2001	大阪府	趣味	はじめての一眼レフ	30	¥1,000	19	63%	¥19,000	
16	13	2024/4/19	C1004	兵庫県	料理	楽しい家庭料理	30	¥2,000	23	77%	¥46,000	
17	14	2024/4/19	H1001	和歌山県	料理	楽しい家庭料理	30	¥2,000	25	83%	¥50,000	
18	15	2024/4/20	E1002	兵庫県	趣味	オリジナル石鹸づくり	30	¥1,300	19	63%	¥24,700	
19	16	2024/4/22	E2001	大阪府	趣味	はじめての一眼レフ	30	¥1,000	20	67%	¥20,000	
20	17	2024/4/23	E2001	大阪府	趣味	はじめての一眼レフ	30	¥1,000	23	77%	¥23,000	
21	18	2024/4/23	E1002	兵庫県	趣味	オリジナル石鹸づくり	30	¥1,300	23	77%	¥29,900	
22	19	2024/4/26	C1003	京都府	料理	楽しい家庭料理	35	¥2,000	29	83%	¥58,000	
23	20	2024/4/29	H1002	奈良県	健康	リラックスヨガ	40	¥1,000	24	60%	¥24,000	
24	21	2024/4/29	C1001	大阪府	料理	ヘルシー薬膳料理	35	¥2,000	32	91%	¥64,000	
25	22	2024/5/1	E2001	大阪府	趣味	はじめての一眼レフ	30	¥1,000	21	70%	¥21,000	
26	23	2024/5/5	C1004	兵庫県	料理	楽しい家庭料理	30	¥2,000	25	83%	¥50,000	
27	24	2024/5/5	E1002	兵庫県	趣味	オリジナル石鹸づくり	30	¥1,300	29	97%	¥37,700	
28	25	2024/5/6	C1003	京都府	料理	楽しい家庭料理	35	¥2,000	26	74%	¥52,000	
29	26	2024/5/8	C1004	兵庫県	料理	楽しい家庭料理	30	¥2,000	23	77%	¥46,000	
30	27	2024/5/9	H1001	和歌山県	料理	楽しい家庭料理	30	¥2,000	23	77%	¥46,000	
31	28	2024/5/12	E2001	大阪府	趣味	はじめての一眼レフ	30	¥1,000	26	87%	¥26,000	
32	29	2024/5/12	H1003	滋賀県	健康	モーニング太極拳	30	¥1,000	30	100%	¥30,000	
33	30	2024/5/13	H1002	奈良県	健康	リラックスヨガ	40	¥1,000	15	38%	¥15,000	
34	31	2024/5/13	E2001	大阪府	趣味	はじめての一眼レフ	30	¥1,000	26	87%	¥26,000	
35	32	2024/5/15	E2001	大阪府	趣味	はじめての一眼レフ	30	¥1,000	23	77%	¥23,000	
36	33	2024/5/17	E1004	京都府	趣味	オリジナル苔玉づくり	35	¥1,500	22	63%	¥33,000	
37	34	2024/5/17	C1003	京都府	料理	楽しい家庭料理	35	¥2,000	28	80%	¥56,000	
38	35	2024/5/19	H1001	和歌山県	料理	楽しい家庭料理	30	¥2,000	21	70%	¥42,000	
39	36	2024/5/19	E1002	兵庫県	趣味	オリジナル石鹸づくり	30	¥1,300	28	93%	¥36,400	
40	37	2024/5/20	E2001	大阪府	趣味	はじめての一眼レフ	30	¥1,000	29	97%	¥29,000	
41	38	2024/5/20	C1002	大阪府	料理	楽しい家庭料理	35	¥2,000	33	94%	¥66,000	
42	39	2024/5/24	H1002	奈良県	健康	リラックスヨガ	40	¥1,000	22	55%	¥22,000	
43	40	2024/5/27	E2001	大阪府	趣味	はじめての一眼レフ	30	¥1,000	20	67%	¥20,000	
44	41	2024/5/27	C1004	兵庫県	料理	楽しい家庭料理	30	¥2,000	26	87%	¥52,000	
45	42	2024/5/28	H1002	奈良県	健康	リラックスヨガ	40	¥1,000	22	55%	¥22,000	
46	43	2024/6/3	H1001	和歌山県	料理	楽しい家庭料理	30	¥2,000	23	77%	¥46,000	
47	44	2024/6/4	E1002	兵庫県	趣味	オリジナル石鹸づくり	30	¥1,300	26	87%	¥33,800	
48	45	2024/6/4	C1002	大阪府	料理	楽しい家庭料理	35	¥2,000	32	91%	¥64,000	
49	46	2024/6/6	H1002	奈良県	健康	リラックスヨガ	40	¥1,000	26	65%	¥26,000	
50	47	2024/6/6	C1003	京都府	料理	楽しい家庭料理	35	¥2,000	18	51%	¥36,000	
51												

講座開催状況　講座一覧　+

	A	B	C	D	E	F	G
1	講座一覧						
2							
3	講座番号	開催地域	ジャンル	講座名	定員	受講費	
4	E1002	兵庫県	趣味	オリジナル石鹸づくり	30	¥1,300	
5	E1003	滋賀県	趣味	オリジナル苔玉づくり	30	¥1,500	
6	E1004	京都府	趣味	オリジナル苔玉づくり	35	¥1,500	
7	E2001	大阪府	趣味	はじめての一眼レフ	30	¥1,000	
8	C1001	大阪府	料理	ヘルシー薬膳料理	35	¥2,000	
9	C1002	大阪府	料理	楽しい家庭料理	35	¥2,000	
10	C1003	京都府	料理	楽しい家庭料理	35	¥2,000	
11	C1004	兵庫県	料理	楽しい家庭料理	30	¥2,000	
12	H1001	和歌山県	料理	楽しい家庭料理	30	¥2,000	
13	H1002	奈良県	健康	リラックスヨガ	40	¥1,000	
14	H1003	滋賀県	健康	モーニング太極拳	30	¥1,000	
15							
16							
17							

講座開催状況　講座一覧　+

HINT

シート「講座開催状況」

- ●タイトル　：フォントサイズ**「18」**・太字・フォントの色**「緑、アクセント6、黒+基本色25%」**
- ●項目　：太字・塗りつぶしの色**「緑、アクセント6、白+基本色60%」**
- ●B列～E列　：列の幅**「10」**
- ●F列　：列の幅**「22」**
- ●講座番号　：入力規則を使って、シート**「講座一覧」**の**「講座番号」**をリストから選択して入力
- ●開催地域、ジャンル、講座名、定員、受講費
  ：**「講座番号」**を入力すると、シート**「講座一覧」**の表を参照して内容を表示
  ただし、**「講座番号」**が未入力の場合は何も表示しない
- ●受講率　：**「受講者数」**を入力すると、受講率を表示
  ただし、**「受講者数」**が入力されていない場合は何も表示しない
- ●金額　：**「講座番号」**を入力すると、合計金額を表示
  ただし、**「講座番号」**が入力されていない場合は何も表示しない
- ●パーセントスタイル
- ●通貨表示形式

シート「講座一覧」

- ●タイトル　：フォントサイズ**「18」**・太字・フォントの色**「緑、アクセント6、黒+基本色25%」**
- ●項目　：太字・塗りつぶしの色**「緑、アクセント6、白+基本色60%」**
- ●受講費　：通貨表示形式
- ●D列　：列の幅**「22」**

※ブックに「Lesson49」と名前を付けて保存しましょう。
「Lesson50」で使います。

難易度 ★★★

Lesson 50 講座売上表2

標準解答

OPEN

Lesson49

あなたはカルチャーセンターのスタッフで、講座の売上表を分析することになりました。
次のように、データを抽出し、ピボットテーブルやピボットグラフを作成しましょう。

▶データの抽出（「開催地域」が「京都府」または「大阪府」で「ジャンル」が「趣味」のレコード）を表示）

FOMカルチャーセンター　講座開催状況

	受付番号	開催日	講座番号	開催地域	ジャンル	講座名	定員	受講費	受講者数	受講率	金額
4	1	2024/4/1	E2001	大阪府	趣味	はじめての一眼レフ	30	¥1,000	21	70%	¥21,000
15	12	2024/4/18	E2001	大阪府	趣味	はじめての一眼レフ	30	¥1,000	19	63%	¥19,000
19	16	2024/4/22	E2001	大阪府	趣味	はじめての一眼レフ	30	¥1,000	20	67%	¥20,000
20	17	2024/4/23	E2001	大阪府	趣味	はじめての一眼レフ	30	¥1,000	23	77%	¥23,000
25	22	2024/5/1	E2001	大阪府	趣味	はじめての一眼レフ	30	¥1,000	21	70%	¥21,000
31	28	2024/5/12	E2001	大阪府	趣味	はじめての一眼レフ	30	¥1,000	26	87%	¥26,000
34	31	2024/5/13	E2001	大阪府	趣味	はじめての一眼レフ	30	¥1,000	26	87%	¥26,000
35	32	2024/5/15	E2001	大阪府	趣味	はじめての一眼レフ	30	¥1,000	23	77%	¥23,000
36	33	2024/5/17	E1004	京都府	趣味	オリジナル苔玉づくり	35	¥1,500	22	63%	¥33,000
40	37	2024/5/20	E2001	大阪府	趣味	はじめての一眼レフ	30	¥1,000	29	97%	¥29,000
43	40	2024/5/27	E2001	大阪府	趣味	はじめての一眼レフ	30	¥1,000	20	67%	¥20,000

講座開催状況　講座一覧

▶「金額」が上位7位のレコードを表示

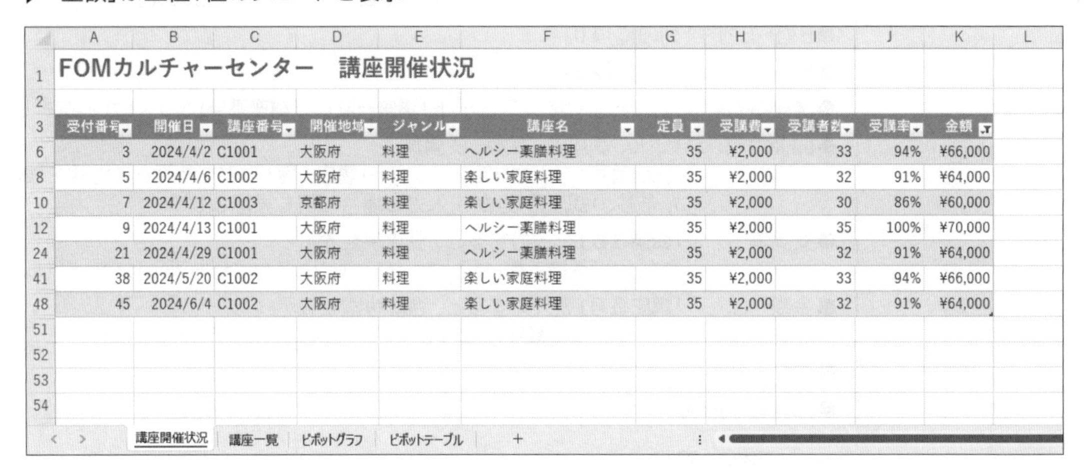

FOMカルチャーセンター　講座開催状況

	受付番号	開催日	講座番号	開催地域	ジャンル	講座名	定員	受講費	受講者数	受講率	金額
6	3	2024/4/2	C1001	大阪府	料理	ヘルシー薬膳料理	35	¥2,000	33	94%	¥66,000
8	5	2024/4/6	C1002	大阪府	料理	楽しい家庭料理	35	¥2,000	32	91%	¥64,000
10	7	2024/4/12	C1003	京都府	料理	楽しい家庭料理	35	¥2,000	30	86%	¥60,000
12	9	2024/4/13	C1001	大阪府	料理	ヘルシー薬膳料理	35	¥2,000	35	100%	¥70,000
24	21	2024/4/29	C1001	大阪府	料理	ヘルシー薬膳料理	35	¥2,000	32	91%	¥64,000
41	38	2024/5/20	C1002	大阪府	料理	楽しい家庭料理	35	¥2,000	33	94%	¥66,000
48	45	2024/6/4	C1002	大阪府	料理	楽しい家庭料理	35	¥2,000	32	91%	¥64,000

講座開催状況　講座一覧　ピボットグラフ　ピボットテーブル

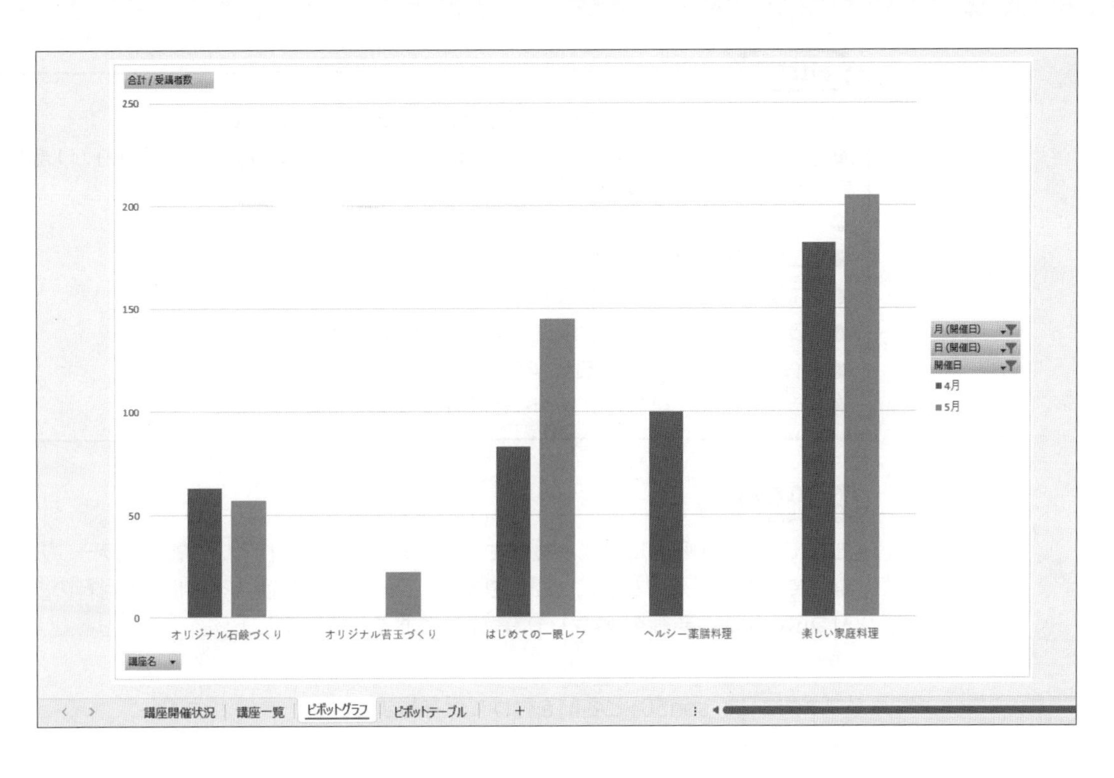

合計 / 受講者数	列ラベル		
	4月	5月	総計
行ラベル			
オリジナル石鹸づくり	63	57	120
オリジナル苔玉づくり	0	22	22
はじめての一眼レフ	83	145	228
ヘルシー薬膳料理	100	0	100
楽しい家庭料理	182	205	387
総計	**428**	**429**	**857**

ジャンル
健康
趣味
料理

開催日
2020年4月～5月 月
2020
3 4 5 6 7 8 9 10 11 12

講座開催状況 講座一覧 ピボットグラフ ピボットテーブル

HINT

●テーブル	：テーブルスタイル**「緑，テーブルスタイル（中間）7」**
●抽出	：**「開催地域」**が**「京都府」**または**「大阪府」**で**「ジャンル」**が**「趣味」**のレコード・**「金額」**が上位7位のレコード
●ピボットテーブル	：スタイル**「薄い緑，ピボットスタイル（中間）14」**

●値エリアの空白セルに**「0」**を表示

●値エリアのセルに桁区切りスタイルを設定

●スライサー	：**「ジャンル」**が**「趣味」**と**「料理」**の集計結果を表示
●タイムライン	：**「開催日」**が4月と5月の集計結果を表示
●グラフの場所	：新しいシート**「ピボットグラフ」**

Advice

- もとになるセル範囲に書式が設定されていると、設定されていた書式とテーブルスタイルの書式が重なって見栄えが悪くなることがあります。テーブルに変換する前に、項目行の塗りつぶしの色を**「塗りつぶしなし」**、罫線を**「枠なし」**に設定しておくとよいでしょう。

※ブックに「Lesson50」と名前を付けて保存しましょう。

Word・Excel
連携編

Excelデータを Wordで活用する

W·E 連携編

Lesson 1

難易度 ★★★

アンケート集計結果報告

標準解答

OPEN

Lesson14

あなたは、営業企画部に所属しており、関係者にお客様アンケートの結果を報告する文書を作成しています。
次のように、Excelデータを作成し、Word文書に貼り付けましょう。

2024年5月6日

関係者各位

営業企画部

アンケート集計結果報告（3月）

3月に宿泊されたお客様のアンケートの集計結果は以下のとおりです。

- 実施時期：2024年3月1日（金）～3月31日（日）
- 回答人数：121名
- 集計結果：

単位：人

	大変満足	満足	普通	やや不満足	不満足
客室	36	32	20	16	17
食事	53	34	25	4	5
景観	75	33	9	1	3
サービス	36	32	44	5	4
料金	18	29	60	8	6

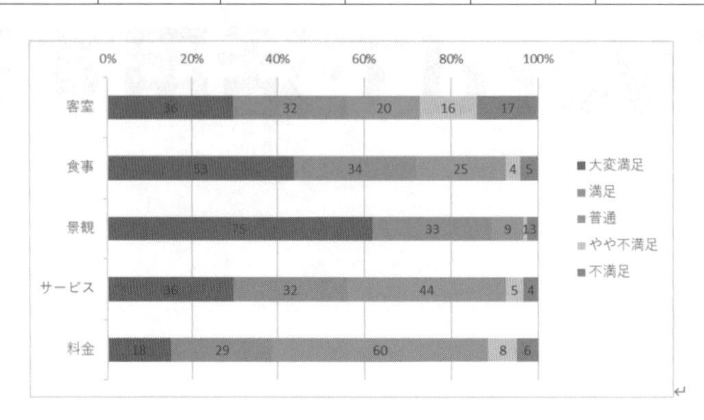

- 所感：当ホテルのロケーションや食事、サービスは半数以上のお客様に満足していただけているようだ。客室や料金の「やや不満足」「不満足」にチェックされたお客様からは、次のような意見をいただいた。次回の会議の議題としたい。
  - 居間のようにくつろぐスペースと寝室をわけてほしい。
  - 加湿器を置いてほしい。
  - 別館の宿泊料金を本館より安くしてほしい。

担当：大野

HINT

●Excelブック：ファイル名**「アンケート」**
●表（Excel）：フォント**「MSゴシック」**
●グラフ：**「100%積み上げ横棒」**・レイアウト**「レイアウト10」**

	A	B	C	D	E	F	G
1						単位：人	
2		大変満足	満足	普通	やや不満足	不満足	
3	客室	36	32	20	16	17	
4	食事	53	34	25	4	5	
5	景観	75	33	9	1	3	
6	サービス	36	32	44	5	4	
7	料金	18	29	60	8	6	

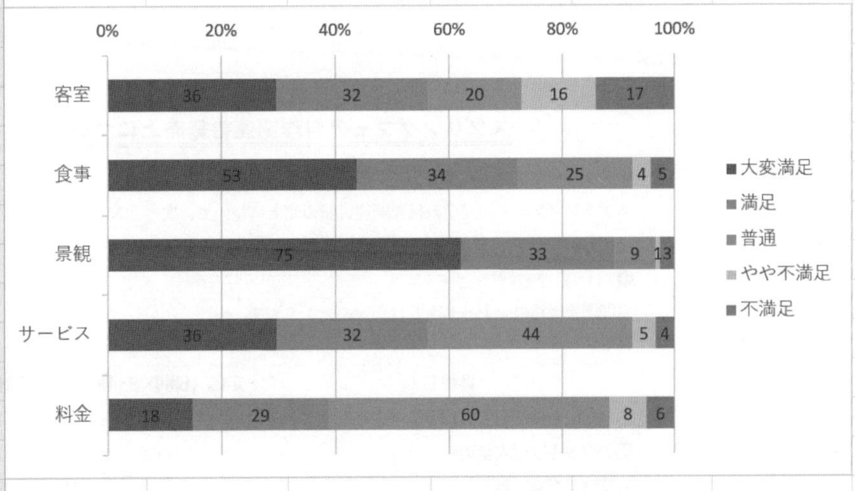

Advice

- Excelで表とグラフを作成します。表は元の書式を保持し、グラフは図として文書に貼り付けます。
- Excelでグラフの軸のデータを入れ替えるには（行/列の切り替え）を使います。
- Excelでグラフの軸の書式を変更するには、**《軸の書式設定》**を使います。

※文書に「Lesson1」と名前を付けて保存しましょう。

W·E 連携編

Lesson 2

難易度 ★★★

売上報告

標準解答

OPEN

Lesson12

あなたは、営業部に所属しており、スプリングフェアの売上をまとめた文書を作成しています。

① 次のように、Excelデータを作成し、Word文書に貼り付けましょう。

2024年5月20日

関係者各位

営業部長

スプリングフェア料理関連書籍売上について

スプリングフェア期間中の料理関連書籍の売上について、次のとおりご報告いたします。

●料理関連書籍売上

料理関連書籍の売上ベスト5は、次のとおりです。

書籍名	定価（税込）	販売数	合計（税込）
お財布にも体にも優しいランチをあなたに	1,800	1,412	2,541,600
男のクッキング大全集	1,800	1,267	2,280,600
有機野菜を育てる	900	805	724,500
おうち居酒屋おつまみレシピ200	1,000	548	548,000
簡単！おいしい！グリル100%活用術	1,000	417	417,000
総合計		4,449	6,511,700

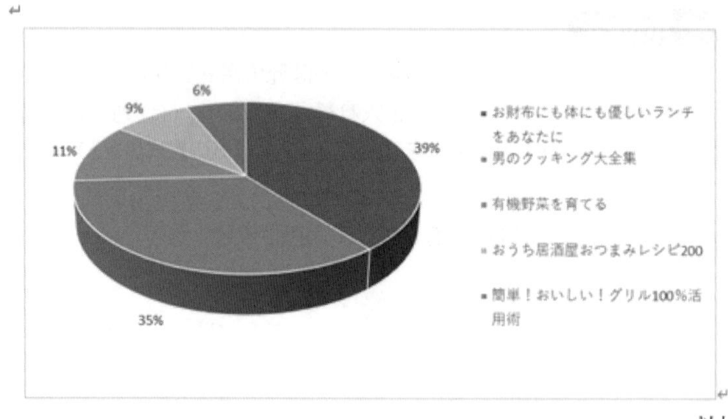

以上

担当：河野

HINT

●Excelブック：ファイル名**「書籍売上」**
●表（Excel）：フォント**「MSゴシック」**
●グラフ：**「3-D円」**・レイアウト**「レイアウト6」**

	A	B	C	D	E
1	書籍名	定価（税別）	販売数	合計（税別）	
2	お財布にも体にも優しいランチをあなたに	1,800	1,412	2,541,600	
3	男のクッキング大全集	1,800	1,267	2,280,600	
4	有機野菜を育てる	900	805	724,500	
5	おうち居酒屋おつまみレシピ200	1,000	548	548,000	
6	簡単！おいしい！グリル100%活用術	1,000	417	417,000	
7	総合計		4,449	6,511,700	

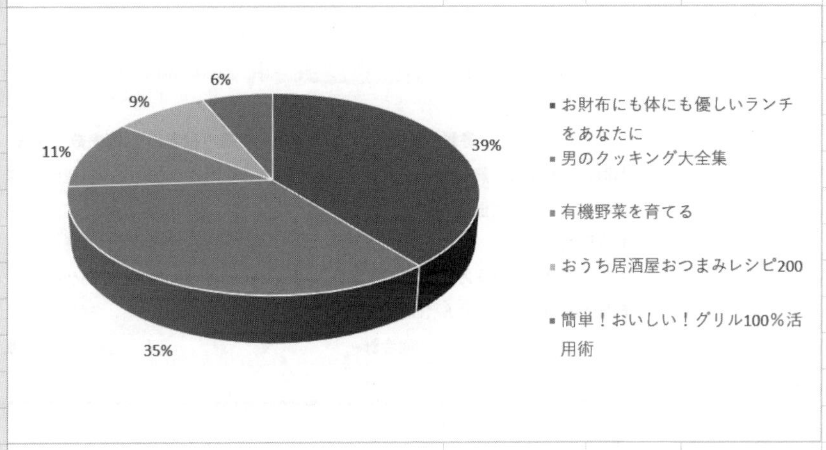

●表（Word）：フォントサイズ**「10.5」**・スタイル**「グリッド（表）6カラフル-アクセント5」**

Advice

- Excelで表とグラフを作成します。表は元の書式を保持し、グラフは図として文書に貼り付けます。

② グラフのスタイルを変更しましょう。

2024 年 5 月 20 日

関係者各位

営業部長

スプリングフェア料理関連書籍売上について

スプリングフェア期間中の料理関連書籍の売上について、次のとおりご報告いたします。

●料理関連書籍売上

料理関連書籍の売上ベスト 5 は、次のとおりです。

書籍名	定価（税別）	販売数	合計（税別）
お財布にも体にも優しいランチをあなたに	1,800	1,412	2,541,600
男のクッキング大全集	1,800	1,267	2,280,600
有機野菜を育てる	900	805	724,500
おうち居酒屋おつまみレシピ 200	1,000	548	548,000
簡単！おいしい！グリル 100%活用術	1,000	417	417,000
総合計		4,449	6,511,700

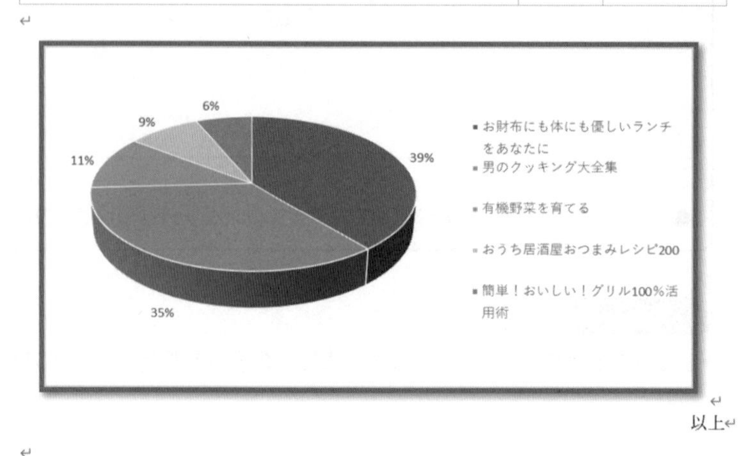

以上

担当：河野

HINT

●図（Word）：図のスタイル「**シンプルな枠、黒**」、図の枠線「**青、アクセント1**」

※文書に「Lesson2」と名前を付けて保存しましょう。

おわりに

最後まで学習を進めていただき、ありがとうございました。102個のLessonはいかがでしたか？
本書の問題には、詳細な問題文はありません。完成図と操作のHintを参考にして、使う機能や効率のよい手順を自分で考えながらドキュメントを仕上げていきます。思ったよりも簡単でしたか？それとも少し難しかったでしょうか。

自力で操作できなかった問題があったら、ぜひもう一度、Adviceや標準解答を見ずにチャレンジしてみてください。練習問題を繰り返すことで、操作が身に付くはずです。

WordとExcelにはそれぞれに得意分野があるので、うまく使い分けたり、時には連携させたりしながら、ご自身の業務を効率よく進めていきましょう。

本書での学習を終了された方には、「よくわかる」シリーズの「よくわかる Word 2021&Excel 2021スキルアップ問題集 ビジネス実践編」をおすすめします。
本書で学習した基本機能に加え、ビジネスシーンで使える様々な機能や操作方法を学習できます。WordやExcelの活用の幅を広げたい方にオススメです。

Let's Challenge!!

FOM出版

よくわかる
Microsoft® Word 2021 & Microsoft® Excel® 2021 演習問題集
Office 2021／Microsoft 365 対応
(FPT2319)

2024年３月31日　初版発行

著作／制作：株式会社富士通ラーニングメディア

発行者：青山　昌裕

発行所：FOM(エフオーエム)出版（株式会社富士通ラーニングメディア）
〒212-0014 神奈川県川崎市幸区大宮町１番地５ JR川崎タワー
https://www.fom.fujitsu.com/goods/

印刷／製本：アベイズム株式会社

ISBN978-4-86775-100-8